MONOGRAPHIE

DE LA ROSE

ET

DE LA VIOLETTE.

MONOGRAPHIE DE LA ROSE

ET

DE LA VIOLETTE;

CONSIDERÉES

SOUS LEURS ASPECTS D'UTILITÉ ET D'AGRÉMENT;
CONTENANT leur Histoire naturelle et anecdotique, leur description générique, leurs différentes espèces, leur synonimie, l'endroit de leur naissance, leur culture ; les insectes qui s'en nourrissent ; leurs propriétés médicinales, économiques et d'agrément, tant pour la toilette des Dames, que pour l'ornement des jardins ; les différentes préparations qu'on en fait : on y a joint des glanures tirées des meilleurs Auteurs, ayant rapport à la Rose.

Cette Monographie est terminée par un Mémoire sur l'HORTENSIA, plante nouvelle de la Chine, qui fait les délices des curieux par sa beauté.

Par J. P. BUC'HOZ, *MÉDECIN - NATURALISTE.*

A PARIS,

Chez CHAMBON, Libr. rue Cimetière Saint-André-des-Arcs, N.° 18.

AN XII. —— 1804.

ÉPITRE

DÉDICATOIRE,

AU BEAU SEXE.

M ESDAMES,

QUELLE fleur, quel présent puis-je vous
offrir plus agréable que la Rose ? Elle est la
reine des fleurs, le doux parfum des Dieux,
l'emblême de l'innocence, le plus bel ornement
des graces ; et les plus cheres délices de Cythère ;
elle l'emporte par son éclat sur toutes les
fleurs ; vous seules pouvez le lui disputer par
vos charmes et vos appas ; mais cette fleur qui
fait l'ornement de nos jardins, est bien pas-
sagère, souvent le même jour commence et finit
son destin ; il en est de même de la vie humaine ; profitons donc, disent la plupart des

poëte, des charmes de notre jeunesse, mais jouissons-en modérément et modestement ; la modération et la modestie sont leurs principaux appanages ; que la sagesse et la vertu vous servent d'armes, comme les épines aux Roses, pour vous soustraire aux traits vénéneux de la séduction : c'est un vieillard qui ose vous donner cet avis il s'y croit autorisé à l'âge de 73 ans ; cependant si les Roses perdent leur éclat en aussi peu de tems, elles n'en sont pas moins utiles, même bien long-tems après ; leurs dépouilles et ce qui en reste servent d'ornement et de parfum dans les toilettes et les desserts, elles satisfont même la sensualité des gourmets ; il en sera de même de vous ; Mesdames, les qualités de vos cœurs infiniment plus précieuses, remplacent vos charmes passagers, elles sont même de beaucoup préférables, et deviennent pour moi dans vos personnes de nouveaux sujets d'admiration ; quoique par l'histoire naturelle nous apprenions que vos charmes l'emportent sur tout ce qui existe dans la nature ; c'est à ces charmes que j'offre cette Rose, et par cette offre, je ne puis rien vous présenter de plus agréable et de plus délicat. Virgile décrit Vénus avec un col de Rose ; Anacréon, l'Aurore avec un teint de Rose, les Nymphes avec des bras de Rose : qu'il est gracieux de tenir d'une main délicate cette fleur consacrée aux amours, et d'en respirer l'odeur ! c'est avec des touffes de Roses que Vénus châtioit son fils : rien ne respire plus le plaisir que des cheveux couverts de boutons de Roses, un sein embelli par des Roses nouvelles ; la plus douce récompense de l'amour est la Rose : cette fleur, dit Catulle, solitaire, épanouie à l'écart, ignorée des troupeaux, respectée du soc, caressée des zéphirs, ménagée du soleil, fait les délices de la bergère et du berger ; à peine est-elle arrachée de sa tige, qu'elle flétrit, et n'est plus regardée ; ceux à qui elle plaisoit le plus, la rejettent : telle une vierge timide, aussi lon-gtems qu'elle est vierge, captive tous les homages ; mais qu'ils disparoissent vîte, avec quelle rapidité s'envolent-ils, dès qu'à peine une caresse a terni sa vertu virginale? leçon admirablpoure le beau-sexe !

Je n'aurois jamais fini, Mesdames, si je voulois m'étendre sur toutes les qualités de la Rose, il suffit que je vous là présente pour qu'elle en acquiére de nouvelles ; Recevez donc je vous prie, la dédicace que je vous en fais ; en la recevant, je ressens moi-même toute la reconnoissance que mérite une telle faveur de votre sexe ; c'est alors que la Rose devient pour moi un nouveau symbole de volupté et de plaisirs ; le voluptueux Smyndrite n'en ressentoit pas plus lorsqu'il dormoit sur un lit parsemé de Roses, mais je me tais. . . .

PREFACE.

C'EST pour la troisiéme fois que je fais paroître cette Monographie ; elle se trouve d'abord dans mon TRAITÉ HISTORIQUE DES PLANTES DE LA LORRAINE ; j'en ai composé en second lieu une dissertation consignée dans mon HISTOIRE GÉNÉRALE ET ÉCONOMIQUE DES TROIS REGNES, Part. 4. Tom. 1. Ce qui m'a engagé à faire paroître cette troisième édition , c'est la publication d'une nouvelle Histoire naturelle de la Rose : l'auteur prétend qu'il n'y a eu jusqu'à présent aucun traité particulier sur cette reine des fleurs , en qui la nature prodigue le plus d'élégance , de fraîcheur et de parfum ; s'il s'étoit donné la peine de lire les deux éditions que j'ai publiées , il y a quelques années sur cette fleur, qui ont été très-répandues, et même couronnées du plus grand succès, il se seroit bien gardé de parler ainsi. Mais que dis-je? comment ne les auroit-il pas connues, puisque dans sa nouvelle édition il suit à peu-près le même plan et les mêmes anecdotes, description générique, espèces, variétés et sa culture; ses propriétés, procédés chymiques, insectes qui s'en nourrissent; tout cela n'indique-t-il pas assez la connoissance qu'il en a pu avoir? Au reste, cette ignorance prétendue ne doit pas surprendre de la part d'un homme qui qualifie de fabuleux le premier historien qui ait jamais existé; il seroit à souhaiter pour lui qu'il eût toutes les connoissances de Moyse; il seroit sans contredit meilleur physicien et naturaliste qu'il ne l'est; combien de choses n'ignorons-nous pas encore de nos jours, qui se trouvent perdues, et qui néanmoins étoient à la connoissance du législateur des Hébreux? Mais pour en revenir à notre sujet, nous allons exposer en peu de mots ce que contient la dissertation que nous réimprimons pour la troisième fois. 1°. Nous rapportons toutes les anecdotes qui intéressent cette fleur, et c'est même par-là que nous commençons, 2°. Nous en donnons la description generique, nous en rapportons vingt-unes espèces, suivant le systéme de Linnée ; nous y ajoutons différentes variétés qui ne s'y trouvent pas rapportées. 3°. Nous en indiquons la culture. 4°. Nous faisons mention des animaux qui se nourrissent sur cet arbuste, avec leur description, et des moyens pour les détruire. 5°. Nous indiquons le procédé à employer pour distiller l'huile es-

sentielle de Rose. 6°. Nous rapportons toutes les propriétés de cette
fleur pour l'usage de la médecine
et de l'économie animale, et même
toutes leur différentes préparations.
7°. Enfin, nous finissons cette dissertation par des glanures de différens
auteurs qui ont écrit sur la Rose,
et par la chanson allégorique du jardinier.

Cette monographie est suivie de
celle sur la violette, qui n'a pas
moins son mérite, toute modeste
qu'elle soit, tant par son parfum,
que par son utilité dans l'usage
économique et dans la médecine
humaine.

MONOGRAPHIE

DE

LA ROSE.

MONOGRAPHIE

DE LA ROSE.

PARMI les fleurs qui ornent nos jardins, celle qui tient le premier rang, est sans contredit, la Rose. Son vif éclat paroit au milieu des feuilles, et sa pourpre brillante s'y fait bientôt admirer: nous dirons avec Anacréon, qu'elle est la plus belle des fleurs, et qu'elle seule fait tout le soin du printems, qu'elle est le doux parfum des Dieux, la joie des mortels, et le plus bel ornement des graces dans la saison fleurie des amours. Si Jupiter vouloit donner une reine aux fleurs, écrit la tendre Sapho, il proclameroit la *Rose*; et en effet, ajoute-t-elle, elle est l'ornement de la terre, l'eclat des plantes, l'œil des fleurs, l'émail des prairies, la beauté éclatante; elle exhale l'amour; elle attire et fixe la vue: toutes ses feuilles sont charmantes; son bouton vermeil s'entr'ouvre avec une grace infinie et sourit délicieusement aux doux zéphirs.

CHAPITRE PREMIER.

Des anecdotes de la Rose.

La fleur de la Rose a toujours été chez les différens poëtes de tous les peuples de la terre, le sujet des idées les plus flatteuses, des comparaisons les plus douces, des emblêmes les plus voluptueux ; jamais fleur n'a été plus agréable aux Arcadiens que la Rose : ils l'appeloient *parfumée* à cause de son odeur. Quand Bonnefons envoya à l'objet de ses amours deux roses, l'une blanche, l'autre du plus vif incarnat, c'étoit pour lui rappeler le sujet de son infortune ; la blanche pour imiter la pâleur de son teint ; et l'incarnat pour peindre la flamme de son cœur.

Favart en parlant de la jeunesse, dit en vers très-expressifs :

> La jeunesse aime la jeunesse ;
> Comme la Rose le zéphir.

et en effet, l'aimable fils d'Astreus et d'Hérobé, le doux compagnon du printems, étoit reconnu par les anciens pour l'amant favorisé de la Rose ; aussi, ce n'est qu'au tems où zéphir fait sentir ses tendres haleines, que cette fleur entr'ouvre ses pétales incarnats, et reçoit la vie. Les poëtes se plaignent néanmoins, au milieu des éloges qu'ils font de cette aimable

plante, de sa courte durée ; elle passe trop-
tôt pour nos plaisirs, et ainsi que la beauté ,
elle se trouve toujours mourante le soir du
même jour qui l'a vue fleurir le matin. Ecou-
tons sur cet objet Madame Deshoulières.

> Que votre éclat est peu durable,
> Charmante fleur, honneur de nos jardins !
> Souvent un jour, commence et finit vos destins ,
> Et le sort le plus favorable,
> Ne vous laisse briller que deux ou trois matins.

C'est de cette idée que Malherbe s'est servi
pour désigner la mort d'une jeune fille.

> Mais elle étoit du monde où les plus belles choses
> Ont le pire destin,
> Et Rose elle a vécu, ce que vivent les roses,
> L'espace d'un matin.

La Rose prompte à se fleurir au soufle le plus
léger est devenue par-là l'emblême de l'innocence et de la virginité. L'auteur du *pervigi-
lium Veneris*, dit que c'est Vénus elle-même
qui, dès le matin , ordonnoit que le sein des
bergères se mariât à la Rose humide , encore
teinte du sang d'Adonis et parfumée des baisers de l'Amour.

Les roses ont aussi été de tout tems le symbole de la molesse , de l'amour et de la volupté ; les amans heureux sont unis par des
chaînes de Roses. Les peintres et les poëtes
ceignent de guirlandes de Roses les Graces,
les Nymphes et les Bergères , quand elles dan-

sent ; leurs beaux cheveux sont ornés de boutons de Roses.

De nos jours, la Rose est devenue à Salency
la récompense de la vertu. Un auteur en parlant de sa bonne amie, dit : qu'elle a des lèvres
de Rose , et que sa douce haleine est pareille à
celle de la *Rose.*

> Elle a bien du doux printems
> Gaieté , humeur et doux sourire ,
> Blanches perlées sont ses dents ,
> Roses sa bouche respire.

Horace appelle aussi souvent sa bonne
amie : *ma Rose.*

La Société des Troubadours de Toulouse ,
connus depuis sous le nom d'*Académie des
jeux floraux*, donnoit parmi ses prix de poësie
une *Rose églantine* ; la douce récompense de
l'amour est une Rose ; enfin la Rose comme la
plus belle fleur , a été consacrée par l'antiquité
à Vénus la mère des plaisirs , la plus belle et
la plus aimable des Déesses ; le plus naïf et
le plus joli de nos romans anciens porte le nom
de la Rose.

On remarque jusqu'à présent trois couleurs
dans les Roses, le blanc, le rouge, et le mélange de ces deux couleurs appellé comune-
ment incarnat ; il s'en trouve encore de jaunes.
C'est sans doute l'observation de ces diverses
nuances, qui a donné aux poëtes l'idée des
fables qu'ils ont inventées au sujet de cette
fleur. Quelques uns feignent qu'étant d'abord
blanches,

blanches , ensuite teintes du sang de Vénus , elles perdirent leurs couleurs : cette Déesse éperdûment amoureuse d'Adonis , tandis que Mars avoit pour elle la plus vive des passions, ayant appris la fin tragique de son amant, que le Dieu méprisé venoit de sacrifier à sa juste fureur, espérant de le secourir, vole vers lui : dans sa course elle fut piquée par l'épine de quelques Roses , ses pieds tendres et déli-cats furent ensanglantés ; son sang répandu changea la couleur de ces fleurs. On voit en-core à Florence la belle statue grecque de Vé-nus , arrachant de son pieds l'épine dont elle est blessée.

Cependant quelques poëtes n'adoptent pas cette fable; ils feignent à leur tour, que Cupi-don , dans un banquet des Dieux , au milieu d'un transport d'une danse aussi vive que vo-luptueuse, avoit renversé d'un coup d'aîle une coupe pleine de nectar, dont la couleur pres-que vermeille , fit aussi-tôt changer celle des Roses mouillées de cette liqueur divine. Quoi qu'il en soit de ces prétendues fictions, cepen-dant il est certain que la Rose, ainsi que nous l'avons dit ci-dessus , fut consacrée à la mère des amours. Bion, dans son idylle sur les fu-nérailles d'Adonis , dit que chaque goutte de sang de ce berger se changeoit en rose , tan-dis que Vénus étoit occupée à répandre des larmes. Quel motif plus puissant pour determiner à chérir cette fleur, à la préférer aux autres ? elle retrouvoit son amant sous une forme nouvelle. On lit dans l'Iliade, que cette divinité en embaumoit elle-même le corps d'Hector avec un parfum mêlé de roses.

Si on veut remonter plus haut, et se donner la peine de chercher dans l'antiquité la plus reculée, et dans celle qui est la plus assurée, pour l'usage des fleurs de roses, on verra que les Hébreux en faisoient des couronnes, et que le Grand-Prêtre ne dédaignoit pas d'en orner son front. Des Hébreux cet usage passa chez les différens peuples de la terre ; ils le pratiquerent dans les actes de leur religion. Les mâges, célèbres par le culte du feu, l'entretenoient continuellement dans leurs Pyrées. A certaines heures du jour, après l'avoir adoré, ils y jettoient des essences et des parfums de roses. S'agissoit-il de célèbrer la fête de quelques divinités du paganisme ? les temples en étoient parés, on les semoit sous les pas des sacrificateurs, la victime en étoit couronnée. Dans les fêtes de Cybèle, lorsqu'on portoit la statue de cette divinité en triomphe, on en répandoit sur la Déesse et sur le peuple qui la suivoit.

Le cardinal de Polignac, dans son excellent poëme, en parlant d'un sacrifice de Lucrèce, au temple d'Epicure, rapporte qu'une jeunesse folâtre faisoit, par des danses et des ris moqueurs, éclater des transports d'une joie criminelle, en semant du myrthe et des roses sous les pas de son chef ; des nymphes portoient dans des corbeilles les présens de Bacchus, et ces fleurs consacrées à la déesse de Cythère. Si l'on veut ajouter foi à ce que dit Athénée, qui a fait de grandes recherches sur les fleurs dont étoit formée la couronne Naucratite, on apprendra que l'usage d'associer le myrthe avec les Roses, est attribué à un événement rapporté par Polichermès, dans un livre intitulé *Vénus*.

Hérostrate commerçant de Neucratie, dit Athénée, ayant relâché pendant le cours de ses navigations à Paphos, acheta une statue de Vénus et se remit en mer. Comme il s'approchoit de l'Egypte, il s'éleva une tempête si furieuse que les matelots et les passagers effrayés, allerent en poussant de grands cris, se jetter aux pieds de la Déesse, dont ils reclamèrent les secours : elle reçut leurs présens, et par un prodige inconcevable, on vit aussi-tôt la statue se couvrir de myrthe et de roses, le vaisseau fut parfumé d'une odeur délicieuse, les nuages s'éclaircirent, les flots se calmèrent ; le soleil ayant reparu, un vent favorable porta le navire sur le rivage. Hérostrate de retour dans sa patrie, y consacra la statue dans le temple de Vénus ; des sacrifices pompeux signalèrent sa reconnoissance ; ses amis invités à un festin qu'il donna en même tems,

reçurent des couronnes de myrthe et de roses;
on leur donna le nom de *couronnes neucratites*.
Les Grecs adoptèrent cette fable avec plaisir,
et la Rose fut célébrée dans les ouvrages d'A-
nacréon.

On lit dans un auteur lyrique que cette fleur
fut consacrée à Bacchus, ainsi qu'à la mère des
amours; les Romains la mirent même au-dessus des autres fleurs, soit que ce sentiment fut
chez eux une suite de leur respect pour l'objet
chéri dont ils se disoient les fils; soit qu'il fut
un préjugé pris de l'usage des autres peuples.
Jamais fleur ne fut plus recherchée; **on en**
faisoit venir des pays les plus éloignés, quand
elle manquoit à Rome. Les fêtes des Satur-
nales, celles de Flore, n'auroient point été
complettes, si on n'y avoit pas prodigué des
Roses; on étoit couronné de ces fleurs; on en
jettoit sur les tables, elles en étoient couvertes; on en faisoit même porter aux esclaves
chargés de les servir.

Si ces faits pouvoient être révoqués en doute
il seroit facile de les prouver par une des
fresques de Portici, tirée de la ville souter-
raine d'*Herculanum*. Le ci-devant marquis
d'Orbessan en a remarqué une très-bien con-
servée, représentant un esclave couronné de
Roses, chargé d'une table pour les repas.
Ainsi l'usage de ces fleurs qui sembloient dans
les premiers tems destinées aux rites sacrés,

eut lieu dans les actions ordinaires de la vie.
Il paroît qu'on commença à les employer pour
les funérailles et les jeux qui en étoient la suite,
comme le prouvent très-bien plusieurs épita-
phes de l'antiquité. On en voit à Torcallo, ville
située dans la partie orientale des Lagunes, à
la distance de cinq milles de Vénise, au palais
du Pédontat, une inscription, où l'on trouve
exprimée la donation faite par un affranchi,
au collège de Centané, des revenus d'un jardin et d'un palais, pour être employés à célébrer ses obsèques et celles de son maître; il
vouloit qu'on n'y ménageât pas les Roses, et
que les vivres y fussent distribués avec profusion. Mais à quoi bon chercher dans les
pays étrangers et loin de nous, l'usage des
Roses dans les funérailles ? Rappellons-nous
la libéralité de Clémence Isaure : elle donna
des biens considérables ; elle ordonna qu'en
répandant ces fleurs sur son tombeau, tous
les amateurs des lettres y fussent invités , et
que dans cette fête on distribuât des prix à
ceux qui avoient cultivé avec soin la poésie et
l'éloquence.

Quoiqu'il fut défendu chez les Romains, par
la quatre-vingt-onzième loi de la première
table, d'orner les funérailles de guirlandes et
d'autels portatifs, les decemvirs en avoient
excepté la couronne destinée à couvrir
la tête du défunt, qui étoit communément

de Roses : elle s'emploie encore actuellement en Italie dans les cérémonies funèbres :
en France même, les jeunes filles sont distin-
guées des autres personnes de leur sexe, par
une couronne de Roses; elle leur est accordée
comme le prix dû à leur virginité. Cet usage
avoit lieu dans les cérémonies des épousailles,
dans les festins donnés à cette occasion Dès que
le sacrifice de la confédération étoit fait, l'é-
poux paroissoit en public couronné de fleurs;
ses cheveux rangés avec art étoient parfumés
d'essences délicieuses ; le lit nuptial parsemé
de Roses, attendoit les époux.

Dans le palais Pamphile, à Rome, on voit
représentée en fresque la nôce aldrovandine :
et dans la grande salle du palais Farnèse, on y
remarque un tableau de Raphaël, représentant
le banquet des nôces de Psyché ; ce grand ar-
tiste qui connoissoit si bien l'antiquité, a placé
dans une des parties du plafond, les Heures et
les Graces, qui répandent à pleines mains les
Roses et les parfums, sur la table où sont as-
semblés les Dieux et les Décsses.

On s'est encore servi de Roses dans les spec-
tacles. Le sénat et le peuple romain recevoient,
dans les jeux publics, de la main des Ediles,
des couronnes de ces fleurs. On ne se borna
pas à en donner, dit Pline, aux spectateurs
distingués, on en donna bientôt aux acteurs.

Enfin l'usage des Roses devint abusif ; on

voulut des fleurs par-tout, dans les repas les
plus ordinaires : la consommation devenue
plus considérable, il fallut se donner des soins
pour en avoir sur les lieux, dans tous les tems
et à moins de frais. On s'occupa à Rome du
secret de faire fleurir les Rosiers pendant l'hiver, ce qui n'arriva néanmoins que sous le
règne de Domitien. On se passa pour lors des
Roses d'Egypte, d'où on les tiroit auparavant :
les jardins de Rome fournirent ces fleurs avec
abondance ; le Rosier fut même celui des arbustes qu'on cultiva avec plus d'attention.
Malthe a aussi fourni des Roses à Rome.

Long-tems avant les Romains, les Grecs
avoient porté l'usage des Roses jusqu'à l'extrême ; ils mettoient sur leurs têtes des chapeaux de ces fleurs, ils en paroient leurs buf-
fets ; ils en parfumoient leurs vins, tout étoit
couvert d'odeurs, jusqu'aux cages de leurs oiseaux. Timarchide, en parlant de la Rose,
dit qu'on l'appelloit en Arcadie, la parfumée,
à cause de son odeur excellente, ainsi que nous
l'avons déjà observé au commencement de ce
chapitre. Xénophon nous apprend que les La-
cédémoniens auxquels on reprochoit l'austé-
rité des mœurs, après avoir ravagé la campagne de Cyrra, poussèrent si loin la sensualité, que leurs soldats ne voulurent plus
boire que du vin parfumé.

Athénée dit que de son tems l'odeur des Roses

étoit un puissant remède contre les pésanteurs de la tête, et que les buveurs s'en servoient pour empêcher les fumées du vin d'offusquer leur raison. Naples, Capoue, Préneste ont été renommés par les excellens parfums qu'on y composoit; on y employoit les Roses, et on les tiroit de la Campanie ; on y voit encore un terrein considérable, connu sous le nom vulgaire d'*Il mazzone della rosa* ; ce champ portoit autrefois le nom de *Rosarinus*, à cause de la quantité prodigieuse de ces fleurs, qui y naissoient sans culture et en plus grand nombre que dans les autres champs de cette même contrée, où l'on en trouvoit néanmoins, au rapport de Virgile. La Rose de ce tems ressembloit aux nôtres, la nature a toujours été la même ; elle venoit ou dans le *Mazzona*, ou dans le champ *Laporia*, qui s'étendoit depuis la voie consulaire de Pouzzols et de Cumes, jusqu'à Capoue. Pline, après avoir parlé de la fertilité de ces champs, dit que les Roses qui y venoient, étoient employées à ces parfums qui ne le cédoient qu'à ceux d'Egypte. La couronne envoyée par Martial à son ami Sabinus, étoit de Roses, il souhaitoit qu'elles fussent regardées comme une production de ses jardins. Du tems de Pline, on estimoit très-fort les parfums de Roses de Campanie, suivant qu'il le rapporte. A Rome on faisoit grand cas des peaux préparées à l'odeur de Roses, comme elles l'avoient été anciennement dans la Grèce et à Babylonne.

Si Capoue fut traitée comme une ville rébelle, dans les premiers siècles de la république romaine, cette ville, par ses parfums, fit à son tour la loi à ses vainqueurs ; on ne put se passer de son commerce, on n'osa le proscrire. Il amollit à tel point la jeune noblesse de Rome, qu'elle ne pouvoit se résoudre à porter d'autres habits, que ceux qui avoient été parfumés avec des odeurs de différentes espèces : le luxe s'étendit même jusqu'à la chaussure.

Les parfums de Roses pris à Capoue, remettoient l'estomac fatigué d'un grand repas ; on les employoit aussi contre la léthargie. Le voluptueux Horace, qui dans la chaleur du plaisir et l'emportement de la débauche, songe aux moyens de les continuer, pour se livrer avec plus de sûreté au plaisir de boire, veut qu'on n'épargne pas les Roses. Est-il question d'encourager Délius et de lui conseiller de jouir dans sa jeunesse des plaisirs de la vie ? Horace n'oublie pas ces fleurs. Veut-il boire avec Hirpinus à l'ombre d'un platâne ou d'un pin ? il demande des Roses ; il veut que ses cheveux soient parfumés d'essences. Lorsque ce fameux poëte invitoit le favori d'Auguste, par une suite de son estime et de son respect pour lui, il avoit l'attention d'employer les fleurs les plus recherchées ; il se servoit des Roses et

les mêloit avec d'excellens vins. Le prix de
ces fleurs ne fut jamais mieux connu que lorsqu'on fit usage du vin. Le tems destiné aux plaisirs de la table, l'heure à laquelle Bacchus
échauffoit les esprits, et qu'on prodiguoit des
parfums, étoit le tems le plus favorable pour
demander des graces et en obtenir, ainsi que
le remarque très-bien Martial.

Si le parfum de ces fleurs étoit recherché
dans les repas, s'il fut préféré aux autres, on
voulut aussi, dit Properce, se le procurer dans
les momens auxquels on étoit moins en état
d'en profiter; pendant le sommeil, des esclaves
chargés du soin de les placer autour de leurs
maîtres, brûloient des pastilles de Roses, on
n'auroit pu dormir sans ce secours. L'empereur Galien, pendant le printems, dormoit
dans des berceaux de Roses. On lit aussi dans
Horace que quelques hommes efféminés, faisoient couvrir leurs lits de Roses, les Grecs
étoient dans cet usage, les Romains le prirent
d'eux. On faisoit anciennement des présens
aux jeunes dames Romaines, avec la première
Rose qui paroissoit : indépendamment de ce
qu'elles servoient à leur parure, on leur annon-
çoit par-là que l'éclat de la beauté passe aussi
vîte que celui des fleurs, et qu'elles per-
droient le fruit de leurs charmes, si elles tar-
doient trop d'en user ; cette morale, il est
vrai, étoit dangereuse au cœur, mais elle fai-

soit pour lors partie de la religion et du culte particulier enfin rendoit à *Vénus*; cette Divinité aimoit la Rose et faisoit de cette fleur son plus doux plaisir. On trouve plusieurs statues de ses prêtresses couronnées de Roses; on en remarqua sur-tout une à *Portici*, qui a été tirée des cendres dont fut couverte *Herculanum*.

La Rose a donné lieu à plusieurs traits ingénieux qui prouvent que si elle a été estimée par les anciens, plus que les autres fleurs, son trop grand usage a néanmoins passé pour une marque de molesse et de sensualité.

Athénée, en parlant de Cratinus poëte Grec, dans une fable intitulée, *Les efféminés*, reproche à l'interlocuteur couronné de lys, de Roses et de mélilot, de s'enorgueillir de cette parure, et d'en faire sa principale gloire. Cicéron, ce grand orateur romain, reproche à Verrès d'être assis sur un carreau parfumé de Roses de Malthe, d'être couronné de ces fleurs, et d'approcher de tems en tems de ses narines des sachets mouchetés, pleins de Roses; ce même orateur, en parlant de Régulus, ce citoyen vertueux, dit qu'il étoit plus heureux dans les fers, que Théorius lorsqu'il buvoit au milieu des Roses.

Florus rapporte encore dans ses écrits, que le prince Antiochus, lorsqu'il se livroit entièrement au plaisir dans le tumulte des armes, faisoit usage de Roses pendant l'hiver, au milieu d'une troupe de courtisans, sous des tentes d'or et de soie. Latinus Pacatus, dans le panégirique de l'empereur Théodose, blâmoit la sensualité des Romains, qui ne donnoient pendant l'hiver, aucune fête, que les Roses ne surnageassent dans leurs verres.

Lorsque les poëtes vouloient faire l'éloge de leurs maîtresses, ils les comparoient à la Rose. Anacréon voulant louer Myrtille : la Rose, dit-il, est la reine des fleurs, Myrtille a le même avantage sur toutes les personnes de son sexe.

Ovide donne à l'Aurore des doigts de Roses: les portes d'orient qu'elle ouvroit à son réveil, étoient pleines de ces fleurs. La Fontaine, ce poëte ingénieux, fait encore de l'Aurore le portrait le plus brillant et le plus agréable, et rend par-là merveilleusement la pensée d'Ovide ; cette description est trop expressive pour ne pas la rappeler ici.

> Les premiers traits du jour, sortant du sein de l'onde,
> Commençoient d'émailler les bords de notre monde:
> Sur le sommet des monts l'ombre s'éclaircissoit,
> Aux portes du matin la clarté paroissoit ;
> De la robe d'hymen l'Aurore étoit vêtue,
> Jamais telle à Céphale elle n'est apparue ;
> Je voyois sur son char éclater les rubis,
> Sur son teint le cinabre, et l'or sur ses habits ;
> D'un vase de vermeil elle épanchoit des Roses.

Un poëte Français, voulant parler de l'objet qui le charme, dit que la bouche de sa maîtresse avoit la couleur des Roses, et son haleine l'odeur de leur doux parfum. Rapin persuadé de la supériorité de la Rose, l'a célébrée dans son poëme des jardins, et ce qu'il en a dit, a été très-bien rendu dans une ode française anacréontique.

> Tendre fruit des pleurs de l'Aurore,
> Objet des baisers du Zéphir,
> Reine de l'empire de Flore,
> Hâte-toi de t'épanouir.

Si nous voulions répéter ici tout ce que les poëtes français ont dit des Roses, nous ne finirions point : les poëtes étrangers ne leur ont pas moins donné des éloges. Parmi les Anglais, nous avons Owene, Milton, qui en parlent l'un et l'autre de la manière la plus élégante. Entre les Italiens se trouvent le Tasse, l'Arioste, Métastase. Chez les Espagnols et les Portugais il y a Sanazar, le Camoëns. Nous passons sous silence tous les autres poëtes étrangers qui en ont fait mention, et que les moins versés dans la littérature connoissent.

La Rose d'or se bénissoit à Rome le jour appelé *Dominica in Rosa* ; c'étoit une marque distinctive que les papes envoyoient à quelques princesses de l'Europe. Dans l'église de sainte Susanne, on voit encore une mosaïque qui est du tems de Charlemagne ; ce prince y est représenté à genoux avec un manteau de forme quarrée : Saint Pierre lui met en main un étendard semé de Roses.

Il y avoit autrefois dans les parlemens de France, un grand jour de cérémonie, qu'on nommoit *la baillée des Roses*. Les ducs-et-pairs, les évêques, les grands présentoient, dans ce jour, à ces compagnies des chapeaux de fleurs, dont l'objet, dit Laroche, étoit d'honorer le roi dans son lit de justice. On jonchoit de fleurs les salles du palais ; après un repas somptueux, on portoit dans chaque chambre en un bassin d'argent, autant de bouquets et de couronnes de fleurs naturelles ou artificielles, où les armes de celui qui les donnoient étoient peintes, qu'il se trouvoit de membres du parlement.

Le 17 juin de l'année 1541, les ducs de Montpensier et de Névers eurent une dispute à ce sujet ; le parlement de Paris statua que le duc de Montpensier *bailleroit* les Roses le premier, parce qu'il réunissoit les deux qualités de prince du sang et de pair.

Le 28 avril 1589, sur la réquisition du procureur général, le parlement de Toulouse ordonna qu'au mois de mai suivant, Madame, sœur du roi, le cardinal de Joyeuse, les archevêques de Toulouse, de Narbonne, d'Auch et le duc d'Uzès, *bailleroient* les Roses à leur tour ; le roi de Navarre étoit encore obligé de présenter ces fleurs. La reine Marguerite de Valois satisfit à ce décret, en 1599, comme comtesse de Lauraguais; cet usage n'est plusac-

tuellement suivi en France, sans doute à cause
de la difficulté qu'éprouvoient ceux qui de-
voient ce tribut, de rassembler une quantité
considérable de ces fleurs, dans des tems où
elles pouvoient manquer.

Cependant les Roses n'ont pas été regardées dans tous les tems comme des marques honorables; le synode de Nismes, tenu
vers l'an 1284, ordonna aux juifs de porter
sur la poitrine une Rose pour les faire distinguer des chrétiens, afin qu'on n'eût pas pour
eux les mêmes égards.

Cette fleur a été employée quelquefois(c'est
encore une de ses anecdotes) pour connoître
les différens partis des factions. Il est souvent
parlé dans l'histoire d'Angleterre, de la Rose
rouge et de la Rose blanche.

On a donné à différentes choses le nom de
Rose, à cause de leur odeur, de leur couleur,
ou de leur figure, qui approchent de celles de
cette fleur. L'érésipèle, qui est une inflammation cutanée, a été surnommé Rose, à cause
de sa couleur; c'est par la même raison qu'on
a appelé, chez les chymistes, *Rose minérale* la
poudre rouge qu'on tire par sublimation de
l'or et du mercure, dans la confection de l'arbre
végétal des philosophes. La racine et le bois
de Rhodes tirent aussi leur sur-nom de la Rose,
à cause de leur odeur.

Rien n'est plus commun aux fleuristes, que

de donner à la plupart de leurs fleurs le nom
de Roses ; ils ont des œillets qu'ils appellent
Roses blanches, Roses d'Hollande, Roses d'Is-
trie , Roses permanentes, Roses royales , etc.
Ils nomment la pivoine, Rose pivoine ; la
mauve du Japon, Rose de la Chine ; le sureau
royal , espèce d'obier, Rose de Gueldres ,
et ainsi des autres plantes, à cause que toutes
ces fleurs approchent, par la figure, de celle
de la Rose.

Nous n'ometrons pas de parler ici d'un petit
arbrisseau connu sous le nom de *Rose de Jéri-*
cho ; il a été très-mal nommé, parce qu'il ne
ressemble pas à la Rose , et qu'il ne s'en trouve
point autour de Jéricho. Cependant ne voulant rien laisser à désirer sur la Rose, **nous**
donnerons un chapitre sur celle de Jéricho ,
d'autant plus qu'on lui a donné triviale-
ment ce nom. Tournefort a même donné le
nom de *Rosacées* à toutes les plantes qui
composent la sixième classe de son système ;
nous pourrions rapporter ici (mais ce seroit
nous éloigner de notre sujet,) toutes les choses
auxquelles les artistes ont donné le nom de
Rose : nous avons la Rose des vents, la Rose
de diamant, la Rose de compartiment, la Rose
de pavé , etc.

La fable ancienne dit, que le Dieu d'Amour
fit présent au Dieu du silence, Harpocrate,
d'une belle fleur de Rose, lorsque personne
n'en

n'en avoit encore vu, et qu'elle étoit toute nouvelle, afin qu'il ne découvrit point les se-
crettes pratiques et les conversations de Vénus
sa mère, et que l'on a pris de là occasion de
pendre une Rose ès chambres où les parens et
amis se réjouissent, afin que sous l'assu-
rance que cette Rose leur donne que les dis-
cours ne seront pas éventés, ils puissent dire
tout ce que bon leur semble ; c'est pour cela
que l'on dit que la Rose est le symbole du silence, et que l'on est *sub Rosâ*, lorsqu'on est
en lieu sûr, où l'on n'a rien à craindre des in-
discrets.

On trouve dans Salzmann et Rosemberg,
différentes inscriptions qui prouvent la coutume où étoient les anciens de s'orner de fleurs
des Roses les jours de fêtes, d'en couronner
leurs Dieux, et d'en jetter autour de leurs tombeaux. Les rois de Bythinie étoient dans l'u-
sage de s'asseoir sur des oreillers garnis de
Roses. Quand la ci-devant reine de France
passa par Nancy pour ses épousailles avec
Lous XVI, pour lors dauphin, la nation Lorraine lui prépara un lit parsemé de Roses.

Saint Bazile dit qu'à la naissance du monde
les Roses étoient sans épines, et qu'elles en
eurent à mesure que les hommes mépriserent
leur beauté ; quoique cet auteur soit d'un grand
poid, le fait qu'il rapporte paroît, aux yeux
des naturalistes, si incertain, qu'il mérite une
plus ample confirmation.　　　　　C

Nous nous servons encore aujourd'hui , de même que nos ancêtres, de Roses pour nous orner les jours de fête: c'est un des plus beaux ajustemens dont peuvent se parer les personnes du sexe ; il ne le cède pas à l'éclat des rubis et des diamans: nous en décorons aussi nos temples. Le peuple avoit la louable coutume de joncher les rues de pétales de Roses aux jours destinés par l'église pour des processions solemnelles. C'est aussi en raison de la supériorité de cette fleur que l'église latine a donné métaphoriquement à la reine de cieux le nom de *Rose mystique*.

Telles sont les anecdotes qui concernent les Roses ; elles sont très-curieuses, mais elles n'ont pas ce dégré d'utilité qui se rencontre dans une monographie de botanique-pratique sur une plante. Nous allons actuellement entrer dans les détails qui concernent les Roses ; il ne faut pas s'attendre à les voir parsemés de Roses , quoiqu'ils soient consacrés à ce genre de plantes ; il faut plutôt y rechercher les avantages que nous pouvons en tirer, que l'agréable.

CHAPITRE II.

De la description génErique de la Rose, de ses différentes espèces et variétés.

Le Rosier, en général, est un arbuste dont les racines sont traçantes, dures et ligneuses ; il produit des tiges de la hauteur d'environ quatre ou cinq pieds, rondes, rameuses, rougeâtres en quelques endroits, garnies d'épines fort aiguës ; ses feuilles sont disposées alternativement sur les branches, et composées pour l'ordinaire de trois, cinq ou sept folioles, dentelées par les bords, jointes deux à deux sur un filet, qui est terminé par une autre foliole, et accompagné de stipules à son insertion ; ses fleurs sont formées par un calice d'une seule pièce, charnu par le bas, divisé par les bords en cinq grandes découpures qui se terminent en pointe, d'où il part souvent un appendice plus ou moins grand : ce calice porte cinq grands pétales arrondis, creusés en cueilleton, et souvent échancrés en cœur ; on y trouve aussi un grand nombre d'étamines fort courtes, chargées de sommets triangulaires ; le pistil est composé d'un grand nombre d'embrions, qui sont contenus dans la partie charnue du calice, et d'un pareil nomdre de styles qui sortent du même calice par une ouverture percée au milieu du disque de la fleur : lorsque celui-ci est passé, il lui succède un fruit qu'on nomme vulgairement *grattecu*, et dans les boutiques *cynorrhodon* : il est charnu, formé par le calice, et terminé par un ombilic, il renferme plusieurs semences, et des poils pour l'ordinaire durs et piquans : les roses semi-doubles et doubles ont un plus grand nombre de pétales que les Roses simples ; les étamines se trouvent pour lors entre les pétales, et la raison pour laquelle les Roses simples produisent souvent des semences fécondes, tandis que la plupart des fleurs doubles sont stériles est, sans doute parce que dans ces dernières, les pétales surnuméraires se forment aux dépens des étamines.

Les Latins nomment le Rosier *Rosa*, les Arabes *nard*, les Anglais *rose*, les Allemands *rosen*. Le chevalier Linnée place les Roses parmi les icosandriques, qui constituent sa douzième classe ; et en effet, on compte jusqu'à vingt étamines dans la plus grande partie des espèces de cette plante : Murray, dans la quatorzième édition du *Systema vegetabilium* de Linnée, rapporte vingt-une espèces, dont les onze premières ont les germes ou embrions sous-globuleux, et les dix autres les germes ovales ; les caractères secondaires de ces espèces se tirent de la forme et du nombre des feuilles, du port de la plante, et même quelquefois de la couleur des pétales.

Tournefort range la Rose dans la classe des arbustes à fleurs de roses, il fait l'énumération de trente-cinq espèces, toutes différentes par leur couleur ; cependant la plupart de ces espèces pourroient être regardées comme des variétés ; l'auteur de la nouvelle édition de l'histoire de la Rose en admet trente-neuf espèces, et nous en rapportons cinquante-sept dans notre catalogue des arbres et arbustes de pleine terre, qui ne sont à proprement parler, que des variétés : et en effet, suivant Linnée et Scopoli, dans l'origine il n'y a peut-être eu qu'une seule espèce de Roses, toutes les autres ne sont que des variétés, qui résultent de la culture et du climat ; Réné qui appelle la Rose la reine, la princesse des fleurs, préfère à toutes les espèces dont nous parlerons ci-après, celle de Damas, qui est une petite Rose blanche connue sous le nom de *Rose pétone*. On pourroit diviser simplement les Rosiers en cultivés qu'on voit dans nos jardins, et en sauvages, qui croissent dans nos haies et nos campagnes, et c'est même là la division de Pline le naturaliste : Théophraste caractérise les différentes espèces de Roses par le nombre de feuilles, par leur âpreté, par leur couleur et odeur.

Les fleuristes admettent cent variétés de Roses, dont la plupart ne portent que des fleurs simples, parmi lesquelles il s'en trouve

qu lques unes de jaunes, un petit nombre
de blanches, plusieurs incarnates, et le plus
grand nombre de rouges; parmi ces deux dernières, on remarque une infinité de nuances,
depuis la couleur de chair la plus tendre, jusqu'à l'incarnat le plus vif, et du rouge pâle
au pourpre foncé ; le Rosier varie encore
beaucoup par l'odeur de ses fleurs, par la saison
de son epanouissement, par sa grandeur: quelques uns ont les feuilles très-odorantes ; d'autres les ont joliment tachetées ; il se trouve
des Roses panachées, tiquetées, ou à mi-par-
tie : il se rencontre aussi des Rosiers sans
épines, des Rosiers toujours verts, des Rosiers
prolifères, qui produisent une seconde fleur
dans la première; des Rosiers à traits épineux,
dont quelques uns fleurissent deux fois l'année,
d'autres durent presque l'année entière, et
d'autres enfin ne s'ouvrent qu'à demi. On remarque en général dans le Rosier des diffé-
rences très-singulières, très-variées, très-in-
téressantes: un même pied donne souvent une
collection assez nombreuse de Roses chaque
jour de la belle saison et même de l'année, qui
diffèrent essentiellement et par l'agrément et
par la nouveauté : deux Roses provenant d'un
même arbuste, n'ont souvent aucune confor-
mité entr'elles, tant il est vrai que quelquefois les corps naturels, quoique de même espèce, diffèrent les uns des autres.

Les Roses ont encore cinq, six, sept, dix, douze, vingt, cent pétales, quelquefois même un plus grand nombre; la culture change leurs étamines en autant de pétales, ce qui en multiplie considérablement le nombre, et ces pétales diffèrent presque tousentr'eux : on en voit des blafards, d'odorans, de larges, de marqués par des contours qui ne se ressemblent point ; ils offrent enfin, à qui les examine, un contraste digne d'admiration, qui n'échappe point à des yeux habiles et pénétrans.

En greffant un Rosier, on peut même lui faire porter cinq ou six espèces de Roses différentes ; le même arbuste en donnera de simples, de doubles, de cramoisies, de panachées, et de jaunes. Le ci-devant marquis d'Orbessan a vu des Roses bleues, et même assez communément en Italie. Il croît aux environs de Turin une espèce de Rose, qui a cinq pétales de la forme d'un cœur, qui a l'odeur très-douce, et dont la couleur plus blanche que rouge, présente des taches vertes ; cette espèce est sans épines. Les Roses du village de Coïmbre en Savoye, sont d'une plus petite forme que celles - ci, quoique néanmoins toujours à cinq pétales ; elles sont d'une couleur grise, et à odeur forte : en les mâchant, elles ont le goût de pommes de reinette, tandis que les précédentes ont le goût du capillaire.

Par le moyen de la taille, comme nous l'observerons ci-après, il est facile de prolonger la jouissance des Roses pendant toutes les saisons de l'année, dans notre climat. Grégoire de Tours nous apprend que sous le règne de Chilpéric premier, en 584, l'hiver fut tellement chaud que les Rosiers fleurirent au mois de janvier, et qu'à Paris on a eu abondamment des Roses dans cette saison. Les Roses de Hativeau durent à Carthagène pendant l'hiver entier, sans aucun soin ni culture.

Enfin je ne peux assez le répéter, même avant d'entrer dans le détail des différentes espèces, aucun arbuste ne peut le disputer au Rosier, il conserve le premier rang, ainsi que nous l'observerons ci-après, dans les jardins des fleuristes, par la forme élégante, l'odeur suave, et l'effet pittoresque de ses fleurs ; il sert par-tout d'embellissement, soit qu'on le mette en buisson dans les plates-bandes, soit qu'on le place dans les bosquets avec d'autres arbrisseaux et fleurs ; on les coupe encore à la hauteur de trois pieds, et on en garnit des quarrés minces : rien n'est plus beau que de les voir entremêlés de jasmins et de chevre-feuilles ; on les taille pour lors en bordures longues et épaisses, à l'élévation de quatre ou cinq pieds.

La première espèce de Rosier désignée par Linnée, est le Rosier églantier. *Rosa églan-*

teria. Rosa germinibus globosis pedunculis-
que glabris, cauleaculeis sparsis rectis , petio-
lis scabris , foliolis acutis, Murray , syst. veg.
édit. XIV. 473. Linn. syst. veg. edit. Reich.
t. 2. p. 538. Scholl. barb. n. 399. Mœnch.
hass. n. 418. Kniph. cent. 7. n. 77. Leys.
hal. n. 531. Rosa (lutea) caule aculeato , fo-
liis pinnatis, foliolis ovatis serratis utrin-
que glabris; pedunculis brevissimis. Mill. dict.
n. 11. Rosa lutea) calycibus semipinnatis; ger-
minibus globosis; pedunculisq. glabris; folio-
lis ovatis, glabris, serratis; serraturis petiolis-
que villosis glandulosis ; caule aculeato. Du
Roi, harph. 2. p. 344. Rosa sylvestris, foliis
odoratis. Bauh. pin. 483. Rosa lutea simplex.
B. pin. 438. Duham. arb. 36. Rosa eglanteria.
Tab. icon. 1087. Rosa lutea multiplex. Bauh.
pin. 483. Duh. arb. 37. Hort. angl. t. 8. Knorr.
del. t. 1. 1. R. 1 Les fleurs de cette espèce sont
jaunes ; les feuilles sont odorantes ; sa tige est
à épines épaisses, droites ; ses péduncules sont
glabres ; ses pétioles sont raboteux, ses folioles sont aiguës. Cette Rose, qui est très-commune dans les jardins, est remarquable non-
seulement par son germe globuleux , mais en
même tems applati. La Rose que Jacquin
nomme *Rosa bicolor petalis sursum miniatis*
deorsum sulphureis. Hort. vind. 1. t. 1, est une
variété de l'églantier , qui dégénère par le sol.
L'espèce principale est rapportée dans la pre-

mière centurie de Kniphoff, n. 77. dans Tabernæmontanus, pl. 1037. dans les jardins anglais, pl. 13 , et dans les délices de Knorr, t. 1. pl. R. 1 , et la variété dans le jardin de Vienne, par Jacquin t. 1. pl. 1.

La deuxième espèce est le Rosier rouillé. *Rosa rubiginosa. Rosa germinibus globosis , petiolisque aculeatis ; aculeis recurvis ; foliis subtus rubiginosis. Linn. syst. veg. edit. XIV 473. Mant 564. Jacq. flor. aust. v. 1 t. 50. Linn. syst. plant. edit. Reich. t. 2. p. 525. Mœnch. flor. hass. n. 419. Pollich. pal. n. 482. Leers flor. herbon. n. 379. Rosa spinis aduncis ; foliis subtus rubiginosis. Hall. helv. n. 1103. Rosa eglanteriaodorata. 10. Dod. pemp. 187. Rosa eglanteria. Mill. dict. n. 14. Rosa (eglanteria) calycibus semipinnatis ; germinibus globosis ; pedunculis petiolisque hispidis et glandulosis ; caule aculeis , sparsis , curvis ; foliolis subrotundis , serraturis , glandulosis. Du Roi , harp. 2. pag. 336. Rosa sylvestris , foliis odoratis. Bauh. pin. 483.*

Ces Rosiers sont lisses, mais les épines sont éparses, plus grandes, recourbées ; les feuilles sont à trois aîles , ovales, aiguës , éparses endessus, à atômes résineux , pourpres ; les pétioles sont hérissés , à pointes menues , recourbées ; leurs bractées sont à glandes menues, pédiculées , le germe est sous-globuleux , plus rarement à petites pointes, sur-tout à la base; le péduncule est à pointes très-minces; la fleur est pourpre Le Rosier églantier diffère de cette espèce par sa tige plus haute, à épines droites, et par ses fleurs grandes, jaunes, sans odeur. Le Rosier à feuilles rouillées est représenté dans le *Flora austriaca* de Jacquin, t. 1. pl. 50. Cette espèce, de même que la première, croissent naturellement en Allemagne, en Suisse et en Angleterre.

La troisième espèce est le Rosier à odeur de canelle. *Rosa cinnamomea. Rosa germinibus globosis pedunculisque glabris ; caule aculeis stipularibus ; petiolis subinermibus Linn. syst. veg. edit. XIV. Murray. 473. syst. pl. edit. Reich. t. 2. p. 525. Mill. dict. n. 21. Leers. her. n. 381. Rosa calicibus integris; germinibus globosis pedunculisque glabris, caule aculeis stipularibus ; petiolis villosis ; foliolis subrotondis, villosis. Du Roi, harph. 2. p. 348. Rosa odore cinnamomi simplex. Bauh. pinn. 483. Duham. arb. 33. Rosa cinnamomea ; floribus subrubentibus, spinosa. Bauh. hist. 2. p. 39 Rosa saxatilis, flore ruberrimo. Cam. epit. 99.*

Les germes de cette espèce sont globuleux; les péduncules sont glabres; la tige est à épines, à stipules ; les pétioles sont sans épines ; les folioles sont rondes, velues ; les fleurs sont très-rouges, simples, à odeur de canelle. Cette espèce croît dans la partie méridionale de l'Europe.

La quatrième espèce est la Rose des champs. *Rosa arvensis. Rosa germinibus globosis, pedunculisque glabris , caule petiolisque aculeatis , floribus cymosis.* Linn. Syst. plant. edit. Reich. t. 2. p. 526 Mœnch. 245. Murray. syst. veg. edit XIV. *Rosa spinosissima.* Oed. flor. dan. t. 398. *Rosa arvensis candida.* Bauh. pin. 484. *Rosa sylvestris altera minor , flore albo.* Rai. Angl. 3 p. 455. Cette espèce est très-épineuse ; ses fleurs sont blanches, elles sont en bouquets ; sa tige et ses pétioles sont très-épineux ; ses germes sont globaleux, et ses péduncules sont glabres. Ce Rosier est représenté dans le *Flora Danica*, pl. 398 On en trouve en France, et même par toute l'Europe.

La cinquième espèce est le Rosier à feuilles de pimprenelle. *Rosa pimpinellifolia. Rosa germinibus globosis pedunculisque glabris ; caule aculeis sparsis, rectis; petiolis scabris, foliolis obtusis.* Linn. syst. plant. edit. Reich. t. 2. p. 526. syst. veg. Murray , edit. XIV p. 473. Pal. It. 2 p 517. Les folioles de cette espèce sont obtuses ; les pétioles raboteux; la tige est à épines éparses, droites, les péduncules sont glabres ; les germes sont globuleux. Ce Rosier , suivant Linnée, est peut-être indigène à l'Europe.

La sixième espèce est le Rosier très-épineux. *Rosa spinosissima. Rosa germinibus globosis glabris ; pedunculis hispidis ; caule petiolisque aculeatissimis. Linn. syst. plant. edit. Reich. t. 2. p. 525 Mant. 399. Pollich. Pal. n. 487. Scholl. Barb. n. 401. Mill. dict. n. 2. Leers. herb. n. 384. Grim. fl. Isen. in nov. act. acad. nat. curios. t. 3. append. p. 323. Scop. carn. edit. 2. 6062. Clus. hist. 1. p. 116. Rosa spinis rectis, confertis ; foliis novenis, glabris, pinnis et petiolis subspinosis. Hall. helv. n. 1106. Rosa germinibus globosis, glabris ; pedunculis, caule, petiolisque aculeis confertis. Crantz aust. p. 84. Rosa calicibus integris germinibus globosis, glabris ; pedunculis hispidis ; caule petiolisque aculeatissimis ; foliolis lanceolato ovatis, serratis, glabris. Du Roi, harph. 2. p. 339. Rosa caule petiolisque aculeatis ; calicibus, foliolis indivisis. Fl. Suec. 407. 442. Rosa campestris spinosissima ; flore albo odorato. Bauh. pin.* 483. Cette espèce, suivant Haller, est une variété de l'espèce précédente : sa tige et ses pétioles sont très-épineux ; ses feuilles sont menues, ovales, au nombre de neuf ; ses péduncules sont hérissés ; ses pétales sont blancs, jaunâtres à la base ; ses fruits en embrion sont globuleux, glabres. Ce Rosier est représenté dans le *Flora Danica*, pl. 398. Il croît naturellement en Europe.

La septième espèce est le Rosier ridé. *Rosa rugosa. Rosa germinibus globosis glabris ; pedunculis, caule, petiolisque aculeatis ; foliis subtus tomentosis. Linn syst. veg. ed. XIV. Murray, 873. Thunb. Flor. Jap. 213.* En Japonois, *Homanas.* Sa tige est en arbrisseau ; ses rameaux sont cylindriques, cotoneux, épineux, à épines plus grandes ou plus petites, très-grosses, s'étendant, blanches ; ses feuilles sont ailées, à quatre paires avec une impaire ; ses folioles sont ovales, obtuses, avec une pointe, découpées en dents de scie, vertes en dessus, ridées, cotoneuses en dessous, veineuses, longues d'un pouce ; le petiole est cotoneux, épineux, à épines épaisses, ouvertes, blanches ; le calice est cotoneux intérieurement, hérissé en déhors ; le germe est globuleux, sans épines, glabre. Ce Rosier diffère de toutes les autres espèces de Rosiers, par ses folioles obtuses avec une pointe, ridées, cotoneuses, et par ses rameaux qui sont très-hérissés de pointes ou épines. Cette espèce croît au Japon, à Méaco ; elle fleurit en mai et juin.

La huitième espèce est le Rosier de la Caroline. *Rosa Carolina. Rosa germinibus globosis, hispidis ; pedunculis subhispidis ; caule aculeis stipularibus ; petiolis aculeatis. Linn. syst. veg. edit. XIV. Murray. p. 473. syst. plant. edit. Reich. t. 2. p. 527. Rosa foliis serratis, medio tenus integerrimis. Sp. plant.*

492. *Rosa calicibus subintegris ; petalis longioribus; germinibus globosis, pedunculisque subhispidis ; caule aculeis rectis, stipularibus ; petiolis glabris ; foliis ovatis, serratis, glabris. Du Roi. harph. 2. p. 354. Rosa Carolina fragrans; foliis medio tenus serratis. Dill. elth. 325.* La tige de cette espèce est lisse ; les épines sont stipulaires, au nombre de deux ; les feuilles sont à sept folioles, oblongues, ovales, glabres, découpées en dents de scie, plus pâles en dessus ; les pétioles sont pointus ; les péduncules sont nombreux, rameux, sans épines, parsemés de poils glanduleux ; les folioles du calice sont sans division, hérissées en dessus; les pétales sont en forme de cœur ; la fleur est tardive. Cette espèce est représentée dans l'*Hortus elthamensis* de Dillen, pl. 285. fig. 326. Elle croît dans l'Amérique Seprentrionale.

La neuvième espèce est le Rosier velu. *Rosa villosa. Rosa germinibus globosis, pedunculisque hispidis ; caule aculeis sparsis ; petiolis aculeatis ; foliis tomentosis. Linn. syst. veg. edit. XIV. Murray. 474. Mant. 399. syst. plant. edit. Reich. t. 2. p. 527. Mill. dict. n. 3. Leers herb. n. 385. Pollich. pal. n. 483. Mœnch. hass. 420. Dœrr. ness. p. 267. Rosa spinis rectis; foliis quinis tomentosis; pinnis rotundis, spinosis. Hall. Helv. n. 1105. Rosa calicibus semipinnatis ; germinibus peduncu-*

lisque hispidis ; caule petiolisque aculeatis ; foliolis ovatis, serratis. Du Roi. harph. 2. p. 341. Rosa foliis utrinque villosis, fructu spinoso. Flor. Suec. 2. p. 1295 Rosa pomo spinoso; folio et caule hirsutis. Bauh. hist. 2. p. 38. Rosa sylvestris, pomifera major. Bauh. pinn. 484. Duham. arb. 42. La tige de cette espèce est basse, à épines rapprochées sous deux ou quatre articulations; les folioles sont obtuses, cotoneuses ; les pédoncules sont hérissés ; les germes le sont aussi ; les pétales sont rouges. Cette espèce est indigène en Europe.

La dixième est le Rosier de la Chine. *Rosa sinica. Rosa germinibus subglobosis glabris ; pedunculis aculeatis, hispidis ; caule petiolisque aculeatis ; calicinis foliis lanceolatis, subpetiolatis. Linn. syst veg. edit XIV. Murray 474. syst. plant. t. 2. p. 528.* Les fruits ou germes de cette espèce sont globuleux ; les péduncules pointus, hérissés ; la tige et les pétioles sont épineux ; les folioles du calice lancéolées, subpétiolées. Cette espèce est représentée dans la *Collection précieuse et coloriée des fleurs qui se cultivent dans les jardins de la Chine et de l'Europe. t. 1 pl. 2.*

La onzième espèce est le Rosier toujours verd. *Rosa semper virens. Rosa germinibus globosis, pedunculisque hispidis ; caule petiolisque aculeatis ; floribus subumbellatis. Lin. syst.*

syst. veg. edit. XIV. Murray, 474. *syst. plant. edit. Reich. t.* 2. *p.* 528. *Gmelin, tub. p.* 149. *Rosa caule aculeato; foliis quinis, glabris, perennantibus. Sp. pl.* 1. *p.* 72. *Rosa germinibus globosis, pedunculisque hispidis; caule petiolisque aculeatis; foliolis lanceolatis; subcarnosis perennantibus. Du Roi, harph.* 2. *p.* 358. *Rosa moscata semper virens. Bauh. pin.* 482. *Duham. arb.* 22. *Rosa semper virens Jungermanni. Clus. hist.* 2. *app. alt. dill. elth.* 326. Les germes ou fruits sont globuleux; les péduncules sont hérissés; la tige et les pétioles sont très-épineux; les fleurs sont ombellées. Cette espèce est représentée dans le *Dillenii hort. Elthamensis,* pl. 246. fig. 318.

Les dix Rosiers suivans ont les fruits ou germes ovales, et c'est la deuxième division de Linné.

La douzième espèce est le Rosier à cent feuilles. *Rosa centifolia. Rosa germinibus ovatis, pedunc ulisque hispidis; caule hispido aculeato; petiolis inermibus. Linn. syst. veg. edit. XIV. Murray.* 474. *syst. plant. edit. Reich. t.* 2. *p.* 528. *mat. med. p.* 128. *Mill. dict. n.* 14. *Kniph. cent.* 1. *n.* 75. *Knorr. deli.* 1. *t. R. Rosa caule aculeato pedunculis hispidis; calicibus semipinnatis, glabris. Sp. pl.* 1. *p.* 91. *Rosa calicibus semipinnatis; germinibus ovatis, pedunculisque hispidis; caule hispido aculeato; petiolis glandulosis; folio-*

lis ovatis serratis , subtus pilosis. Du Roi , harph. 2. p. 367. Rosa multiplex media. Bauh. pin. 482. Duham. arb. 15. Rosa centifolia Batavica. 11. Clus. hist. 1. p. 114. Rosa rubra plena spinosissima; pedunculo muscoso. Mill. dict. t. 221. La tige de cette espèce est hérissée d'épines, les pétioles sont glanduleux, sans épines ; les folioles sont ovales , à dents de scie, poileuses en-dessus ; les calices sont à demi-ovales ; les fruits sont ovales , et les péduncules sont hérissés d'épines. Cette espèce est représentée dans la première centurie de Kniphoff, n. 75 ; dans les délices de Knorr. t. 1. pl. R ; dans le dict. de Miller , pl. 221. fig. 1.

La treizième espèce est le Rosier de France. *Rosa Gallica. Rosa germinibus ovatis , pedunculisque hispidis ; caule petiolisque hispidis , aculeatis. Linn. syst. veg. edit. XIV. Murray , 474. Linn. mat. 399. syst. plant. edit Reich. t. 2. pl. 529. Gmel. tub. p. 148. Blackw. t. 82. Rosa austriaca. Rosa germinibus ovatis, pedunculisque hispidis; petiolis medioque caule aculeatis. Crantz. aust. pl. 86. Rosa calicibus semipinnatis ; germinibus ovatis , pedunculisque hispidis ; caule petiolisque hispido-aculeatis ; foliolis ovatis , subtus villosis. Du Roi , harpk. 2, p. 363. Rosa rubra multiplex. Bauh. pin. 981. Duham. arb. 2. t. 13. Rosa rubra flore semipleno. Bauh. hist. 2. p. 34. Rosa Gallica versicolor. Rosa præ-*

nestina alba et versicolor. Bauh. pin. 2. p. 2.
La tige de cette espèce est lisse et un peu épineuse; les péduncules sont hérissés; les folioles
sont nues en dessus, aiguës, à peine cotoneuses
en dessous ; le germe est ovale , hérissé à la
base ; les fleurs sont rouges, ou blanches , ou
panachées. Cette espèce est représentée dans les
plantes de Blackwel, p. 82 ; dans le *dictio-*
naire de Miller, pl. 221 , fig. 1, et dans la
Collection précieuse et coloriée des fleurs qui se
cultivent tant dans les jardins de la Chine
que dans ceux de l'Europe., t. 2. pl. 49. Ce
Rosier croît comunément en Europe , en
France, en Angleterre et en Silésie.

La quatorzième espèce est le Rosier nain.
Rosa pumila. Rosa germinibus ovatis (Hisp.
obs. Jacq. M.) *petiolis pedunculisque hispi-*
dis; caule supernè aculeatissimo. Supp. p. 262.
Linn. sist. veg. edit. XIV. Murray , p. 474.
Jacq. flor. austr. v. 2. p. 198. Rosa suavifolia.
flor. Dan. t. 879. Les petits rameaux ont beaucoup d'épines qui disparoissent dans la tige ;
le pétiole et les péduncules sont hérissés ;
les fruits sont grands, en forme de poires.
Cette espèce est représentée dans le *Flora aus-*
tr. de Jaquin, t. 2. pl. 198; et dans le *Flora*
Danica, 870. Elle est commune en Autriche.

La quinzième espèce est le Rosier des Alpes.
Rosa Alpina. Rosa germinibus ovatis glabris,
pedunculis, petiolisque hispidis ; caule iner-

mi. Linn. syst. veg. edit XIV. Murray , p.
478. svst. plant. edit. Reich. t. 2. p. 529.
Gmel. sib. 3 p. 177 Jacq. aust. t. 279. *Rosa
inermis ; foliis septenis glabris ; calicis segmentis pediculis.* Hal. helv. n. 1107. *Rosa
(inermis ; germinibus ovatis ; caule pedunculisque glabris, inermibus ; petiolis scabris.*
Turra diar. act. p 128. *Rosa (inermis) caule
inermi , pedunculisque hispidis ; calicis foliolis indivisis ; fructibus oblongis.* Mill.
dict. n. 6. *Rosa (rupestris) germinibus glabris , pedunculisque hispidis ; caule petiolisque inermibus.* Crantz. aust. p. 85 n. 6. *Rosa
campestris , spinis curvis , biflora.* Bauh.
pin. 484. *Rosa rubello flore , simplici , non
spinoso.* Bauh. hist. 2. p. 39. *Rosa non spinosa.* Hall. opusc. 218. La tige de cette Rose est
sans épines ; ses peduncules sont hérissés ; les
folioles du calice sont sans division, glabres;
les fruits sont oblongs ; la fleur est rouge ; les
calices sont simples ; les pétales sont en forme
de cœur et à deux lobes Cette espèce est représentée dans le *Flora Austriaca* de Jacquin,
pl. 279.

La septième espèce est le Rosier des chiens.
*Rosa canina. Rosa germinibus ovatis , pedun-
culisque glabris ; caule petiolisque aculeatis.*
Linn. syst. veg. edit. XIV. Murray , 428.
Mant 299. svst. plant. edit. Reich. t. 2. p.
530. mat. med. 129. Pollich. Palat. n. 486.

*Neck. Gallob p. 23. Gmel. tub 149 Mœnch.
hass n. 421. Mattusch. Sil. n 356 Flora Danica, t. 555. Lugd. ectyp. t. 70. Blackw. t. 8.
Kniph. cent. 7 n. 76. Dœrr. nass. p. 267.
Rosa spinis aduncis ; foliis septenis ; calicibus tomentosis ; segmentis pinnatis et semipinnatis ; tubis brevissimis. Hall. Helv. n.
1101. Rosa sylvestris. Crantz. aust. p. 84.
n. 2. Rosa calicibus semipinnatis, villosis ;
germinibus ovatis ; pedunculisque glabris ;
subhispidis ; foliis ovatis mucronatis, Du
Roi, harph. 2. p. 250. Rosa caule aculeato ;
petiolis inermibus ; calicibus semipinnatis.
Flora Suec. 406. 441. Rosa sylvestris vulgaris, flore odorato, incarnato Bauh. pinn. 483.
Rosa canina vulgò dicta. Dod. pempt. 187.*
La tige de cette espèce est lisse, ayant deux
épines alternes aux nœuds ou articulations ;
les petioles sont épineux ; les feuilles sont un
peu aiguës, nues ; les péduncules sont glabres ;
le germe est glabre ; les pétales sont à deux
lobes, incarnats ; les bractées sont au nombre de deux, opposées, à cils. Cette espèce est
représentée dans le *Flora Danica* p. 555 ;
dans l'*Ectypa végétabilium* de Ludwig, pl. 70 ;
dans Blackwel, pl. 8 ; dans la septieme centurie de Kniphoff, n. 76. Elle a été trouvée
naturellement en Europe.

La dix-septième espèce est la Rose des
collines. *Rosa collina. Rosa germinibus*

ovatis ferè glabris ; pedunculis petiolisque glandulosis , hirsutis ; caule aculeato. Linn. syst. vég. edit. XIV. Murray , 474. in litt. flor. Aust. v. 2. tab. 197: Sa tige est épineuse; ses péduncales et ses petioles sont hérissés, à glandes ; ses germes sont ovales, presque glabres. Cette espèce croît en Autriche, et est représentée dans le *Flora Austriaca*, t. 2. pl. 197.

La dix-huitième espèce est le Rosier des Indes. *Rosa Indica. Rosa germinibus ovatis, pedunculisque glabris ; caule inermi ; petiolis aculeatis. Linn. syst veg. edit. XIV. p. 474. Linn. syst. plant. edit. Reich. t. 2. pl.* 531. *Rosa subinermis ; foliolis quinis, subtus tomentosis, impari majori ; stipulis obsoletis. Spec. pl. 2. p.* 402. Les rameaux sont sans épines, plus rarement armés d'une ou de deux épines vers les feuilles, ou aux pétioles ; les feuilles sont aîlées, à cinq folioles, cotoneuses en-dessous, glabres superieurement, découpées en dents de scie; l'extérieure est deux fois plus grande ; les péduncules sont longs, nuds, simples ; le calice est découpé, lisse ; le fruit est de la grosseur de celui du sorbier des oiseleurs. Cette espèce croît dans la Chine ; elle est représentée dans la *Gazopographie* de Pativer, pl. 35. fig. 2, et dans la *Collection précieuse et coloriée des fleurs de la Chine*, t. 1 pl. 8.

La dix-neuvième espèce est le Rosier à

fruits pendans. *Rosa pendulina. Rosa germinibus ovatis glabris , pedunculis cauleque hispidis ; petiolis inermibus ; fructibus pendulis. Linn. syst. veg. edit. XIV. Murray , p. 474. Du Roy, harph. 2. p. 371. Leers. herb. n. 383. Rosa sanguisorbæ, majoris folio, fructu longo pendulo. Dill. hort. elth. 324. t. 245. f. 317.* Les feuilles de cette espèce sont semblables à celles de la grande pimprenelle ; les germes sont ovales , glabres ; les péduncules et les tiges sont hérissés ; les pétioles sont sans épines ; les fruits sont pendans. Cette espèce est représentée dans le *Dillenii hort. elth.* pl. 245. fig. 37. Elle croît en Europe.

La vingtième espèce est le Rosier blanc. *Rosa alba. Rosa germinibus ovatis glabris ; pedunculis hispidis ; caule petiolisque aculeatis. Linn. syst. veg. edit. XIV. Murray , 474. syst. plant. edit. Reich. t. 2. p. 551. mat. med. 129. Mill. dict. n. 16. Crantz. aust. p. 85. n. 5. Gmel. tub. p. 15. Mœnch. hass. n. 422. Knorr. del. 1. t. R. Rosa caule aculeato, pedunculisque hispidis ; calicibus semipinnatis , glabris. S. pl. 435. Rosa calicibus semipinnatis ; germinibus ovatis glabris ; pedunculis hispidis ; caule petiolisque villosis aculeatis ; foliolis ovatis subtus villosis. Du Roi, harph. 2. p. 361. Rosa alba vulgaris major. Bauh. hist. 482. Duham. arb. 16. Rosa sativa. 1. Dod. pempt. 185. Rosa*

*alba flore pleno. Besl. eyst. v. 6. t. 3. fig. 1.
Blackwel, t. 73. Kniph. cent. 3. n. 76.* La
tige et les pétioles sont velus, épineux ; les
folioles sont ovales, velues en-dessus ; les péduncules sont hérissés ; les calices sont à demi
aîlés ; les germes sont ovales, glabres. Cette
espèce est représentée dans les Délices de
Knorr, t. 1. pl. R. 6 ; dans l'*Hortus eisteten-
sis*, partie du printems, t. 3. fig. 1, dans
Blackwel, pl. 73 ; dans la troisième centurie
de Kniphoff, n. 76. Elle croît en Europe et
en Autriche.

La vingt-unième et dernière espèce est le
Rosier à plusieurs fleurs. *Rosa multiflora.
Rosa germinibus ovatis, pedunculisque villosis ; caule petiolisque aculeatis. Linn. syst.
edit. XIV. Murray. 474. Thunberg, Flora
Jap.* En Japonois, *no ige ; sive no ibera.*
La tige est en arbrisseau, droite, rameuse ;
Les rameaux sont cylindriques, pourpres, épineux, glabres, droits ; les pointes sont éparses,
recourbées ; les feuilles sont alternes, pétiolées, aîlées, les folioles sont opposées, plus
rarement alternes, sessiles, découpées à
dents de scie, vertes en-dessus, glabres,
pâles en-dessous, velues ; les pétioles sont velus, épineux, à épines éparses, menues, recourbées ; les fleurs sont terminales, paniculées, de la grandeur des fleurs de ronce ; la
panicule est décomposée ; les péduncules s'é-

cartent, et les petits pédicules sont velus, sans épines ; le calice est très-hérissé, à poils blancs, sur-tout au bord ; la corolle est blanche ; le germe est ovale, velu, sans épines. Cette espèce diffère beaucoup de toutes les autres Roses par ses petites fleurs paniculées, et par ses péduncules velus ; elle croît naturellement au Japon, proche Nagasaki, à Vischers, Ceylan, Pepemberg, Koïdo.

Guillemeau auteur de la *Nouvelle histoire naturelle de la Rose*, joint à ces vingt-une espèces, dix-huit autres, qui ne sont vraiment que des variétés, dont six se rapportant à la première division renferment les ovaires presque globuleux, et les douze autres à la seconde division qui renferme les ovaires ovales.

La première variété de la première division est la Rose d'Espagne. *Rosa Hispanica. Mill. t. 6. p. 325. An Rosa villosa, Linn ?* Les feuilles de cette variété sont velues sur les deux surfaces ; les deux petites feuilles du calice sont sciées à dents aiguës, avec un *fruit* uni ; sa tige est haute de trois ou quatre pieds, forte, droite, et armée d'épines fortes ; les lobes des feuilles sont presque ronds et découpés en dents de scie sur le bord ; ses fleurs sont simples, et d'un rouge clair ; elles paroissent en Avril, et donnent des fruits gros, unis, et presque ronds, qui mûrissent à la fin d'août. On rencontre ce Rosier en Espagne.

La deuxième variété est le Rosier rampant. *Cours d'agricult. Le Rosier grimpant. Rosa scandens. Mill. t. 6. p. 325. An Rosa sempervirens ?* Les ovaires de cette variété sont globuleux et hérissés, de même que les péduncules; ses tiges sont épineuses, minces, rampantes sur terre, de la longueur de douze pieds; ayant des épines courtes et rougeâtres; les feuilles sont petites, ayant trois paires de lobes ovales, à pointes aiguës, se terminant par un lobe impair d'un noir luisant, découpées en dents de scie sur les bords; elles sont vertes pendant l'année entière; les fleurs sont petites, blanches, simples, ayant une odeur de musc. Ce Rosier est commun en Toscane, notamment dans les bois, près de Florence; il y fleurit presque toute l'année.

La troisième est la Rose de Virginie. *Rosa Virginiana. Mill. dict. t. 6. p. 326. An Rosa pimpinella, Linn? Nonne potius Rosa alpina, ejusd. ?* Les tiges de cette troisième variété sont unies, sans épines, hautes de cinq à six pieds; les jeunes branches sont revêtues d'une écorce unie et pourpre; les feuilles sont composées de quatre ou cinq paires de lobes lancéolés, terminées par un lobe impair, unies des deux surfaces, vert luisant en-dessus, vert pâle en-dessous, découpées profondément à dents de scie sur les bords; les fleurs

en sont simples, d'un rouge pâle, s'épanouissent au mois d'août, presque sans odeur. Cette
variété croît naturellement dans la partie sep-
tentrionale de l'Amérique.

La quatrième variété est la Rose musquée.
Rosa moschata scandens. Mill. dict. t. 6. p.
326. An Rosa semper virens, Linn.? Les
ovaires de cette Rose sont globuleux et his-
pidés, ayant les péduncules hérissés; ses tiges
sont épineuses et grimpantes, peuvent s'élever par le moyen de support à la hauteur de
douze pieds; leur écorce est verdâtre et même
garnie d'épines fortes et courtes; les feuilles
sont unies à trois paires de lobes ovales, lancéolés, terminées par un lobe impair, d'un
vert clair, et découpées à dents de scie sur les
bords; aux extrémités des branches naissent
les fleurs disposées en ombelles, blanches, à
odeur de musc agréable; elles s'épanouissent
en août, se succedent continuellement, et
sont simples ou doubles.

La cinquième variété est la Rose jaune.
Rosa lutea. Mill. dict. t. 6. p. 329. An Rosa
rubiginosa, Linn.? An Rosa églanteria. ejus-
dem ? Son ovaire est presque rond et uni; ses
tiges sont foibles, armées de fortes épines,
courtes, courbées et brunes; ses feuilles sont
ailées, à deux ou trois paires de lobes, ovales,
étroits, terminées par un impair, découpées
à fines dents de scie sur les bords; les fleurs

sont simples, jaunes, supportées par de courts péduncules : les feuilles paroissent sur la fin du printems.

La sixième et dernière. variété de la première division est le Rosier d'Autriche. *Rosa Punicea. Mill. t. 6. p. 326. An Rosa églanteria, rubiginosa, Linn ?* Ses tiges et ses feuilles sont assez semblables à celles du Rosier jaune, la seule différence, c'est que les feuilles sont plus rondes, les fleurs plus larges, et les pétales découpés plus profondément à leurs extrémités, ces derniers sont simples, d'un jaune clair en-dedans, de couleur de carmin tirant sur le pourpre, ou plutôt capucine en dehors, d'une odeur peu agréable, et se fânant aisément.

Les variétés de la deuxième division, c'est-à-dire de la division à ovaires ovales, sont : 1°. La Rose de Damas. *Rosa omnium calendarum. Tourn. p. 639. An Rosa Gallica, Linn ?* Cet arbuste qui a un grand nombre de sous-variétés, s'élève à huit ou dix pieds de haut, sa tige est épineuse, recouverte d'une écorce verdâtre, et garnie d'épines courtes ; ses feuilles sont formées par deux paires de lobes ovales, terminées par un impair, d'un vert obscur en-dessus, et d'un vert pâle en-dessous, ayant les bordures brunes et légèrement découpées à dents de scie ; les fleurs ont leurs péduncules armés de poils hérissés ;

leur calice est aîlé et velu ; leur couleur est d'un rouge pâle et tendre ; leur odeur est très-agréable.

2°. La Rose de Flandres. *Rosa Belgica.* *Rozier, t. 8. p. 624. An Rosa Gallica, Linn?* La hauteur de cet arbuste est de trois pieds ; ses feuilles sont composées de cinq ou sept lobes ovales, velues en-dessus, et légèrement découpées à dents de scie sur les bords ; ses fleurs sont très-peu odorantes, mais très-doubles, d'une couleur de chair pâle, ayant leur calice gros et à demi-aîlé, velu, sans épines, de même que le péduncule.

3 Le Rosier de Provins. *Rosa Provincialis.* *Mill. t. 6. p. 327. An Rosa Gallica, Linn. ?* Cet arbrisseau pousse beaucoup de tiges par ses racines, qui étalent et allongent leurs dragéons, ces tiges sont peu élevées et peu épineuses ; les feuilles sont velues en-dessous ; les fleurs sont simples et larges ; leurs calices sont hérissés et à moitié aîlés, leurs pétales sont peu nombreux, d'un beau rouge éclatant, et jaune doré dans le cœur ; leur odeur est forte et très-agréable.

4. Le Rosier incarnat. *Rosa rubra pallida.* *Tourn. 637. An Rosa alpina, Linn?.* La hauteur de cet arbrisseau est de trois ou quatre pieds ; il n'a presque point d'épines ; ses feuilles sont velues en-dessous ; ses fleurs sont d'un rouge pâle, et d'une odeur de musc ; leurs

péduncules sont armés de quelques épines ; leurs calices sont à moitié aîlés ; leurs pétales sont larges, tout-à-fait ouverts, disposés en cinq ou six rayes ; ses ovaires sont ovales. Ce Rosier fleurit en mai et en juin.

5. Le Rosier pompon. *Rosa burgundiaca. Roz. t. 8. p. 624 An Rosa pumila, Linn.?* Ce Rosier est une de ces mignatures charmantes qui caractérisent le climat de son lieu originaire, il a été découvert en 1735 par un jardinier de Dijon, en coupant du bois sur les montagnes voisines de cette ville ; ses tiges deviennent branchues, rameuses, et se couvrent au printems d'une multitude de fleurs d'une forme des plus agréables, elles sont d'un incarnat vif dans le cœur, et nuancées par dégradations jusqu'à la couleur de chair sur les bords ; elles ne sont pas plus larges qu'une pièce de 24 sols, et ont une odeur suave.

6. Le Rosier de Champagne. *Rosa Campaniaca. Roz. t. 8. p. 625.* Il est assez semblable au précédent. il est nain de même, mais sa fleur est plus large, et d'un rouge vif et foncé; ses feuilles sont d'un vert plus foncé ; ses tiges sont nombreuses, foibles, et peu piquantes.

7. La Rose de Francfort, le Rosier à gros cul. *Rosa Francfurtensis. Mill. t. 6. p. 329.* Ce Rosier donne au printems des fleurs roses, peu odorantes, mais il ne jouit pas d'une

grande réputation ; on ne l'employe pour l'ordinaire que pour greffer les autres espèces ; il
est originaire de Francfort ; il n'y a que ses
vieilles branches qui portent des épines ; ses
feuilles sont d'un vert clair, pointues, et fortement dentelées, au nombre de cinq ou sept,
sur un pétiole commun, armé de quelques
épines ; les stipules sont longs, bordés de petites dents rouges.

8. Le Rosier mousseux. *Rosa muscosa. Mill.
t. 6. p. 328. An Rosa Gallica? An Rosa villosa, Linn.?* Ce Rosier a beaucoup de rapport
avec le Rosier de provins, mais il en diffère
en ce qu'il est difficile à multiplier ; ses tiges et
ses branches sont très-épineuses ; ses fleurs
sont d'un rouge cramoisi, douées d'une odeur
très-agréable ; leurs péduncules et leurs calices
sont couverts de poils longs, comme de la
mousse.

9. Le Rosier barbu de Pline. *Rosa maus-
ceuton. An Rosa Gallica, seu villosa, Linn.?*
Depuis Pline le naturaliste, personne n'a parlé
de ce Rosier.

10. Le Rosier à fleurs bleu-de-ciel. *Rosa cœ-
rulœa.* D'Orbessan en a trouvé près de Turin,
ainsi que nous l'avons observé au commencement de ce chapitre.

11. Le Rosier à feuilles glauques. *Rosa
rubrifolia. Roz. t. 8. p. 625. Rosa glauca.
Jussieu.* Son tronc est droit et robuste, re-

couvert d'une écorce d'un rouge brun, armé à des distances éloignées d'épines rouges, courtes, courbées et acérées ; l'écorce des jeunes branches est de couleur canelle; ses fleurs sont de couleur glauque, d'un blanc verdâtre ; sa hauteur est depuis dix jusqu'à quinze pieds ; il résiste au froid.

12. Enfin, le Rosier à tiges en zig-zag. *Rosa turbinata. Villars. An Rosa pendulina, Linn.?* Ce Rosier originaire du Dauphiné, croît à la hauteur de trois ou quatre pieds ; son tronc est tout en zig-zag, tuberculeux, et peu épineux, ce qui le fait rechercher des amateurs. Dans le catalogue des arbres et arbustes qui peuvent se cultiver en pleine terre, dans la France, il est fait mention de cinquante-six, tant espèces que variétés, mais comme les unes et les autres se rapportent aux différentes espèces et variétés précédentes, il est inutile de les répéter ici ; on en peut voir l'énumération dans le catalogue ci-dessus indiqué.

CHAPITRE

CHAPITRE III.

Des différens Insectes qui se trouvent sur le Rosier.

LES Rosiers servent d'alimens à plusieurs insectes; on y remarque 1°. Le Richard rubis. *Cucujus æneus, Cucujus elytris fuscis; thorace rubro, fasciis fuscis. Geoff.* 127. *Buprestis manca. Linn. p.* 333. Le dessous du corps de cet insecte, et ses cuisses sont d'un beau rouge cuivreux, brillant, éclatant, qui imite la couleur des rubis; ses jambes sont d'un noir verdâtre, ainsi que ses antennes; la tête est d'un beau rouge brillant; ses yeux seulement sont noirs; le corcelet est de même couleur que la tête, mais il a deux bandes brunes longitudinales, une de chaque côté, qui divisent la couleur rouge en trois bandes; les étuis sont bruns et un peu cuivreux, chargés de points serrés qui les font paroître comme ridés; les antennes sont un peu plus longues que la tête: cet insecte qui, suivant Linnée, est du genre des buprestes, a pour caractère générique d'avoir les antennes courtes, en forme de scie; le corcelet uni et simple en dessous, et la tête renfermée à moitié dans le corcelet: il est de l'ordre des insectes coléoptères, ou pour mieux dire des insectes qui ont sur les ailes des fourreaux corniformes.

E

Le deuxième insecte qu'on remarque sur le Rosier, est la cigale surnommée de la rose. *Cicada Rosæ. Cicada flava, alis albis, apicibus membranaceis. Linn. faun. Suec. n.* 641. Elle dépose communément ses œufs sur les Roses ; cette espèce est la plus petite du genre des cigales qui ont pour caractère générique trois articles aux tarses ; des antennes plus courtes que la tête ; deux petits yeux lisses ; une trompe courbée en-dessous , quatre aîles , dont celles de dessous sont croisées. Ce genre est de l'ordre des insectes hémiptères, c'est-à-dire, des insectes dont les aîles sont croisées de façon qu'il n'en paroît que la moitié : quant à la description spécifique de la cigale de Rose, elle est toute jaune, quelquefois un peu verdâtre, d'autres fois presque blanche, mais toujours d'une seule couleur sans aucune tache; sa forme est alongée et presque cylindrique, parce que ses étuis qui sont croisés envéloppent le corps : cette cigale est longue d'une ligne et un quart, sur un quart de ligne de largeur.

Le troisième insecte qui habite sur le Rosier, mais qui se trouve encore sur le trefle et sur le saule viminal, est la cigale bedeaude ou écumeuse, qui a quatre lignes de longueur, sur une ligne et demie de largeur. *Cicada spumaria. Linn. Cicada fusca. Geoff.* Cette cigale est d'une couleur brune, souvent un peu verdâtre; sa tête , son corcelet et ses étuis sont finement pointillés; sur ces derniers, on voit deux taches blanches, oblongues et transversales, qui partent du bord extérieur des étuis, l'une plus haut, l'autre plus bas, mais qui ne vont pas tout-à-fait jusqu'au bord intérieur, ce qui interrompt dans leur milieu les bandes des étuis: le dessus de l'insecte est d'un brun clair; la larve de cette cigale qui est de couleur verte, avant de se métamorphoser, rend par l'anus et par tout le corps, une écume semblable à de la salive, qui la recouvre entièrement.

Le quatrième insecte qu'on trouve sur le Rosier est le grand paon de nuit. *Phalœna pavonia. Phalœna major.* Cet insecte est de l'ordre des lépidoptères, c'est-à-dire, des insectes dont les ailes sont couvertes d'écailles très-fines et colorées, du genre dont les antennes décroissent de la base à la pointe; sa chrysalide est dans une coque; sa chenille est nue; ses ailes sont étendues, sans langue; le grand paon de nuit qui est l'espèce que nous décrivons ici, a douze lignes de longueur sur deux pouces cinq lignes de largeur. On distingue le mâle et la femelle; les antennes de la femelle sont peu pectinées, et de couleur jaunâtre; ses ailes sont plus grandes que celles du mâle, leur fond est blanc, pointillé de noir en plusieurs endroits, qui paroissent gris; le milieu de chaque aîle est blanc, c'est là où est placé l'œil, qui a le fond noir avec un corcelet un peu fauve; à la base de chaque aîle, on remarque une bande un peu rougeâtre, et vers le bout des aîles supérieures se trouve encore une tache de même couleur; le dessous des aîles ressemble au dessus: les antennes du mâle sont beaucoup plus pectinées que celles de la femelle; ses aîles supérieures sont en-dessus d'un beau rouge, et ont une tache blanche au milieu, où se trouve l'œil, ainsi que dans la femelle; le dessous des aîles est jaune, et n'a qu'une tache rouge vers le bout; les aîles inférieures sont jaunes en-dessus, et d'un rouge vineux en-dessous, avec un peu de blanc autour de l'aîle. La chenille du grand paon de nuit est verte, à seize pattes, avec des tubercules couleur de Rose; ses pattes sont chargées de longs poils qui se terminent au bout par un petit bouton; les anneaux de cette chenille sont fauves ou jannâtres.

Le cinquième insecte qu'on remarque encore sur le Rosier est la découpure qui est de la longueur de dix lignes, et qui se nomme *Phalœna libatrix. Linn. et Geoff.* C'est encore une phalène dont les principaux caractères sont d'avoir la langue en spirale; le corps velu, et les aîles rabatues: ses antennes sont pectinées, jaunâtres, avec un peu de blanc en devant de leur base; les pattes sont de la même couleur avec des anneaux blancs, principalement aux tarses; la tête et le corcelet sont jaunes; les aîles sont très-découpées à leurs bords postérieurs, jaunâtres, fauves, mélées de brun et de couleur cendrée : on remarque une tache blanche vers leur base, et plus bas, à-peu-près au tiers de l'aîle, il règne une raye transverse, cendrée, et une autre aux deux autres tiers; vers le milieu de l'aîle, en l'une et l'autre raie, on apperçoit un petit point blanc, et plus bas deux petits points noirs; en-dessous les aîles ont une couleur d'un brun nébuleux; elles sont couchées sur le corps de l'insecte en espèce de toit : la chenille d'où sort cette phalène est verte, avec une raie blanche en-dessus qui règne le long du dos.

Le sixième insecte du Rosier est la phalène frangée. *Phalœna fimbria. Linn.* Elle a de longueur quatre lignes et demie; sa langue est lisse et en spirale; ses aîles tombent et ont des bandes grises; les inférieures sont d'un rouge pâle, couvertes de taches longitudinales et noirâtres, à sommets qui blanchissent; elles sont de même couleur en dessous; les aîles supérieures sont couvertes en-dessus de bandes et de traits obscurs et inégaux, et en-dessous elles sont d'un gris paillet, parsemées de taches longitudinales, noirâtres, et blanches à leur sommet; le corps est d'un incarnat grisâtre; le corcelet est à peine couvert de poils ; l'abdomen est d'un gris paillet et blanchâtre en-dessus.

Le septième insecte est la phalène du bouleau, qui habite aussi bien le Rosier que le bouleau, l'orme, le saule ; cette phalène est géomêtre, pectinée et à ailes postérieures presqu'anguleuses; elle se file un cocon; ses antennes sont dentelées ; ses ailes sont rondes, blanches, couvertes horisontalement et presque tachées par de légers atômes noirs ; son corcelet est tacheté de bandes sombres. *Phalæna betularia. Linn.* Sa larve géomêtre est pâle, marquée de deux taches noirâtres sur le derrière.

Le huitième insecte est la phalène rosine, de la nature des phalènes tortrices. *Phalæna rosana.* Les ailes supérieures de cette phalène sont testacées, réticulées, couvertes de bandes grises, obliquement placées: sa larve en filant ses soies, les combine adroitement avec les feuilles des arbres, qui lui servent dans la suite de nourriture : cette phalène, qui habite les Rosiers, habite aussi l'épine-vinette.

Le neuvième insecte est la phalène forskaël. *Phalæna forskaleana. Linn.* Ses ailes supérieures sont rougeâtres, réticulées de jaune, et ont dans leur milieu quelques lignes noirâtres

Le dixième est la phalène du Rosier. *Phalæna cynosbatella. Linn.* Cette phalène est petite; ses ailes sont grises, marquées de blanc à leurs parties antérieures ; le corcelet est velu: elle séjourne sur les boutons des Roses. Toutes les larves des phalènes-teignes vivent en société, travaillent leurs filets ensemble , marchent en étendant leurs aîles , comme font les teignes, mais elles ne se cachent point sous un capuchon , et leur chenille n'est point cachée dans un fourreau.

Le onzième est la mouche à scie des Rosiers. *Tenthredo rosæ*. Cette espèce qui a quatre lignes de longueur sur une et demie de largeur, est du genre des insectes qui ont les antennes filiformes, les aîles inférieures plus courtes; la bouche armée de mâchoires ; l'aiguillon dentelé , caché dans le corps ; le ventre de même grosseur par-tout, et entièrement joint au corcelet ; à trois petits yeux lisses: elle est en outre de l'ordre des hyménoptères , c'est-à-dire, des insectes qui ont des aîles croisées sous des étuis mous , et dont la femelle a la queue terminée par un aiguillon : quant à sa description spécifique, sa tête est noire , ainsi que ses antennes ; son corcelet est de même couleur, à l'exception d'une tache jaune de chaque côté, au-dessus de l'attache des ailes ; son ventre et ses pattes sont d'un jaune couleur de safran , mais les antennes du mâle sont bordées de noir ; ses aîles sont aussi jaunâtres , avec le bord extérieur noir : on en trouve dont le dessus du corcelet n'est pas noir entièrement, mais qui ont en haut et en bas des taches safranées faites en lozanges et qui se touchent par leurs points dans le milieu du corcelet: celles-là sont les femelles, dans lesquelles on voit distinctement la petite scie de l'aiguillon ; elles ont encore une autre différence, c'est que dans la femelle, les anneaux des antennes sont très-distincts, au lieu que dans les autres il n'y a que les deux premiers anneaux les plus proches de la tête qu'on puisse distinguer , et le reste de l'antenne ne semble être composé que d'un seul anneau très-long : c'est sur la plante dont il est fait mention ici, que vient la larve de cette mouche à scie, qui dépose ses œufs sous l'écorce de cet arbrisseau: la larve en ronge les feuilles , et lorsqu'elle veut se métamorphoser, elle s'enfonce en terre et y file une coque brune d'où sort ensuite l'insecte parfait.

Le douzième est la mouche à scie craintive. *Tenthredo pavida. Linn.* Cette mouche a sept anneaux aux antennes ; le corps est de couleur sombre, et l'abdomen blanc des deux côtés.

Le treizième est la mouche à scie brûlée. *Tenthredo ustulata. Linn.* Les antennes de cette espèce sont presque filiformes, sans articulation ; le corps est noir ; elle a l'abdomen bleuâtre, et les jambes pâles ; ses ailes sont de couleur presque ferrugineuse , parsemées de taches sombres.

La quatorzième espèce est la mouche à scie à jambes variées du Rosier. *Tenthredo cynobasti. Linn. et Geoff.* Elle est longue de deux lignes et demi, sur deux tiers de ligne de largeur ; elle fait partie de la famille des mouches à scie, dont les antennes sont soyeuses, composées de seize à dix-huit articulations ; elle est de la petite espece, et elle a des antennes noires, longues des deux tiers du corps ; sa tête est noire de même que son corcelet, mais sur celui-ci on remarque deux petits points jaunes aux attaches des aîles, un de chaque côté, et une tache jaune à la pointe du corcelet ; ses pattes sont toutes fauves ; ses jambes de derrière sont blanches dans le milieu, noires en haut et en bas.

La quinzième espèce est le cynips doré à queue. *Cynips Rosæ. Linn.* Ce cynips, ainsi que les suivans, est de l'ordre des hyménoptères, ainsi que les quatre insectes précédens, et du genre premier de cet ordre, qui renferme les insectes dont les antennes sont cylindriques, brisées ; les aîles inférieures plus courtes ; la bouche armée de mâchoires sans trompe ; l'aiguillon cônique, ou en spirale, entre deux lames du ventre ; le ventre presqu'ovale, applati des deux côtés, aigu en-dessous, attaché à un corcelet par un petit pédicule, et trois petits yeux.

Le cynips doré à queue, a une ligne et demie

de longueur, il vient du bédéguar du Rosier :
ce bédéguar n'est autre chose qu'un corps bi-
zarre, couvert de filamens verts, jaunes ou
rougeâtres, formé par interruption de la sêve,
et occasionné par la piqûre de quelques insectes, dont le cynips doré à queue est du
nombre. Ce cynips, connu aussi sous le nom
de cynips du Rosier, a les antennes noires,
grosses, cylindriques, plus longues de moitié
que la tête ; ses yeux sont bruns ; la tête, le
corcelet, le ventre et les cuisses postérieures
sont d'un verd doré, plus brillant sur le ventre que par-tout ailleurs ; les pattes, à l'exception des cuisses postérieures, sont blanchâtres ; l'aiguillon du ventre plus long d'un
bon tiers que le corps est composé de trois filets
dont deux aux côtés sont noirs et servent de
gaîne, et celui du milieu qui est le véritable
aiguillon, est de la couleur des pattes ; les
aîles diaphanes ont un petit point à leur bord
extérieur.

Le seizième insecte est le cynips sans queue.
Il a un peu moins d'une ligne et demie de
longueur ; Geoffroy le nomme *Cynips thorace
viridi œneo, abdomine aureo, setis ani non
exsertis. Geoff.* 296. Il ressemble tout-à-fait
au précédent, il est seulement un peu plus
petit ; ses cuisses postérieures ne sont point
dorées, mais elles sont jaunes, ainsi que le
reste des pattes ; l'aiguillon ne paroît point à

l'extérieur; il déborde à peine le ventre, et le point marginal des aîles est un peu apparent : cet insecte vient pareillement du bédéguar du Rosier : il n'est à proprement parler, qu'une variété du précédent, peut-être n'en diffère-t-il seulement que par le sexe.

Le dix-septième insecte est le cynips du Rosier sans galle. *Cynips Rosæ sine galla. Geoff.* Il est long de deux tiers de lignes; ses antennes sont composées de sept anneaux; il est entièrement noir, un peu brillant : on trouve ses petites chrysalides brunes, tachées de noir, attachées les unes aux autres sous les feuilles du Rosier.

Le dix-huitième insecte du Rosier est l'émeraudine. *Scarabæus auratus. Linn.* Il est, ainsi que le richard rubis, de l'ordre des coléoptères; il fait partie de la deuxième famille, à trois feuillets aux antennes, et du genre des scarabées, ayant les antennes en masse et en écussons entre les étuis; sa longueur est de neuf lignes, sur cinq lignes de largeur; son corps est vert bronzé, luisant, mêlé, sur-tout en-dessous, d'une teinte rougeâtre, semblable à celle d'un cuivre bien poli : on remarque sur ses étuis quelques taches blanches transversales; il est d'ailleurs assez semblable pour la forme au hanneton, il diffère uniquement des autres scarabées par une avance que forme le corcelet en-dessous, du côté de la tête : l'émeraudine est un des plus beaux insectes ; sa larve dévore les racines des plantes et des arbres, mais l'insecte se trouvant parfait, il habite communément les fleurs de Rosier, et quelquefois celles de pivoine.

Le dix-neuvième insecte est le gribourí rouge strié à points noirs. *Chrysomella bipuncrata. Linn.* Il est ainsi que le précédent, de l'ordre des coléoptères, et du genre dont les antennes sont filiformes, et le corcelet hémisphérique et en bosse à longs articles ; sa longueur est de deux lignes un quart, sur une ligne et demie de largeur ; son corps est cylindrique ; son thorax est d'un noir éclatant ; ses élytres s ont rouges, striés, marqués de deux ou quatre points noirs ; ses antennes sont longues et filiformes.

Le vingtième insecte est le puceron de la Rose. *Aphis Rosæ. Linn.* Il fait partie de l'ordre des hémiptères, dont nous avons parlé en faisant mention de la cigale, et du genre de cet ordre qui comprend les insectes qui n'ont qu'un seul article aux tarses ; la trompe courbée en dessous ; quatre aîles droites, élevées, ou manquant tout-à-fait de pattes propres à marcher, et les extrêmités du ventre garnies de deux points en tubercules.

Réaumur décrit ainsi cet insecte ; il ressemble, dit-il, à une mouche ; il a deux aîles très-transparentes, ensuite deux fourreaux de véritables aîles très-minces ; il se tient sur les rosiers, depuis la saison des Roses jusqu'à celle de l'hiver, on ne sauroit toucher les branches de la plupart de ces arbustes, et les agiter . sans déterminer un grand nombre de petites mouches a s'envoler ; elles se trouvent sur tout près des sommités, et peuvent être vues sans le secours du microscope ; la couleur de leurs aîles supérieures est un citron pâle, (tantôt un rouge pâle, tantôt une vraie couleur de Rose,) celle du reste du corps est plus blanchâtre: non-seulement ces petites mouches volent, mais elles savent encore sauter ; leur trompe est assez semblable à celle des cigales, et posée de même : les mâles ont aussi une petite scie au derrière.

Le vingt-unième insecte est l'ichneumon des bédéguars. *Ichneumon bedeguaris. Linn.* Il est long d'une ligne deux tiers ; il est , de même que les cynips de l'ordre des hyménoptères, et du genre des insectes à anthères filiformes, longues, vibratiles, composées de plus de trente articulations ; à bouche sans langue, à aîles inférieures plus courtes, à aiguillon cônique, entre deux lames du ventre ; à ventre presqu'ovale, applati des côtés , aigu en dessus, attaché au corcelet par un pédicule court, et à trois petits yeux lisses: les antennes de l'espèce dont il s'agit ici, sont de la longueur de la moitié de son corps, noires, de même que la tête et le corcelet ; ses pattes sont fauves ; son ventre est allongé, fauve au milieu, noir à la base et à la pointe, et se tient au corcelet par un pédicule mince : la femelle a à sa queue trois aiguillons bruns, presque de la largeur de son ventre ; on remarque sur les aîles un point marginal noir, assez gros. Cet ichneumon dépose ses œufs dans le corps d'autres insectes, après leur avoir fait une légère entaille.

Le vingt-deuxième insecte est le diplolèpe du bedéguar. *Diplolepis bedeguaris. Geoff.* Cet insecte a une ligne et demie de longueur, sur une demie ligne de largeur, il est du même genre que l'espèce précédente ; son caractère générique est d'avoir les antennes filiformes, longues, composées de quatorze anneaux ; les aîles inférieures sont plus courtes ; sa bouche est armée de mâchoires sans langue ; son aiguillon est cônique, entre deux lames du ventre ; son ventre est presqu'ovale, applati des deux côtés, aigu en-dessous, attaché au corcelet par un pédicule court : quant à sa description spécifique, cet insecte est noir, avec le ventre brun, luisant, noir vers le bout, et les pattes brunes ; il se trouve dans les bédéguars une autre espèce du même genre, dont la couleur est fauve ; les yeux seuls noirs, et le ventre un peu plus brun que le reste de son corps ; ses antennes sont de la longueur de l'animal, et ses aîles, sont un peu plus grandes : cette variété a une ligne de longueur sur un tiers de large.

Le vingt-troisième insecte qui habite les Roses, est l'abeille charpentière à ventre velu et roux en-dessous. *Apis centuncularis.* Il est du même ordre que le précédent : son caractère générique est d'avoir les antennes brisées, dont le premier anneau est très-long ; ses aîles inférieures plus courtes ; sa bouche armée de mâchoires, avec une trompe membraneuse, couchée en-dessous ; son aiguillon simple et en pointe ; son ventre attaché au corcelet par un pédicule court ; des yeux très-petits, lisses ; un corps velu : cette abeille a spécifiquement six lignes de longueur sur deux lignes et demie de largeur ; elle est noire, les poils de son corcelet, de ses pattes, du devant de sa tête sont un peu gris ; le ventre est lisse, noir en-dessus, le bord de ses anneaux est couronné de poils blanchâtres en-dessous ; son ventre est très-velu, et ses poils sont roux ; les mulets sont plus petits d'un tiers que les mâles, mais du reste ils n'en diffèrent en aucune manière : cette abeille ou mouche est originaire d'Europe, elle fait en terre plusieurs nids cylindriques, avec des feuilles de Roses, semblables à des amas de guenilles, ce qui lui a fait donner le nom trivial de *centuncule.*

Le vingt-quatrième insecte du Rosier est la

mouche à ventre blanc en devant. *Musca pal-lescens. Linn.* Elle a cinq lignes et demie de longueur sur cinq lignes de largeur; elle fait partie de l'ordre des diptères, c'est-à-dire, des insectes qui n'ont que deux aîles accompagnées de petits filets, terminés par un globule qu'on nomme *balancier* : sa description générique est d'avoir les antennes formées par une pelote platte et solide, avec une soie ou poil latéral et velu; sa bouche est à une trompe sans dents; ses yeux sont au nombre de trois, lisses; ses antennes sont plumeuses : pour ce qui concerne sa description spécifique, ses yeux sont d'un brun rougeâtre; le devant de sa tête, et l'étui qui renferme sa trompe, sont d'un jaune lisse et luisant; son corcelet est noir, chargé de quelques poils bruns, avec sa pointe quelquefois un peu jaune, et d'autre fois noire comme le reste, car elle varie pour la couleur; le ventre a sa moitié inférieure noire, et sa moitié supérieure blanche, transparente tant en-dessus qu'en dessous, mais quelquefois en-dessus, ce blanc est divisé dans son milieu par une petite raie noire longitudinale; les pattes sont toutes noires; les aîles sont blanches, trans-parentes, quelquefois un peu jaunes vers leur base, leur milieu a une large tache ou bande transversale noire, leur pointe est aussi noi-râtre, et depuis la tache noire jusqu'à cette pointe, il y a des veines brunes descendantes.

Le

Le vingt-cinquième insecte qui se trouve sur les Rosiers, est la mouche à ventre tout noir. *Musca nigra. Linn* Suivant Linnée, cette espèce n'est qu'une variété de la précédente.

Le vingt-sixième et dernier insecte que nous connoissons propre au Rosier est la tique saffranée. *Acarus croceus. Linn.* Il est de l'ordre des aptères, c'est-à-dire, des insectes qui ne deviennent pas aîlés, et il est du genre des insectes à huit pattes, à deux placées aux côtés de la tête, et à des antennes simples, plus courtes que la trompe; cette tique est de couleur fauve; les deux côtés de son corcelet sont marqués de deux points roux; on la rencontre ordinairement dans le milieu du disque des Roses monstrueuses; c'est la piquûre de cet insecte qui empêche les Roses de parvenir à leur perfection.

Ceux qui aiment les Roses doivent, sans contredit, étudier avec soin les moyens de les conserver et de les garantir de tant d'insectes - il n'est point de plantes ni de fleurs qui n'y soient exposées, et qui ne leur servent de butin. Le jardinier industrieux, en écartant cette foule importune, mettra, par quelques secrets utiles, la Rose qu'il chérit à l'abri de ces ouvriers habiles et délicats qui semblent la préférer à toutes les autres fleurs; il fera fuir les papillons volages, l'émeraudine verdâtre et le richard rubis; mais, hélas! pour quelques insectes peu dangereux qu'il saura détruire, combien de milliers n'échapperont point à ses regards et à ses soins? Cependant ils habitent sur le Rosier, ils le dévorent, et hâtent sa courte durée. C'est une réflexion que nous nous permettons ici de faire avec l'auteur de l'*Histoire naturelle de la Rose*, nous allons rapporter ici quelques moyens de détruire ces insectes.

1. On peut faire périr beaucoup de pucerons, en pressant les feuilles qui en sont attaquées, entre deux éponges imbibées d'une forte décoction de tabac, ou d'eau de chaux vive, ou d'une forte eau de savon, ou d'une décoction de suie de cheminée, de sauge, d'hyssope, ou d'absynthe, et autres plantes amères, ou d'une odeur forte.

2. Un des meilleurs moyens pour se débarrasser des pucerons, c'est de couper les feuilles et les sommités des pousses où il s'en trouve, et de les jetter dans le feu, ou dans l'eau, ou de les enterrer : Si on n'a pas beaucoup de Rosiers attaqués de pucerons, et si on les voit facilement, on peut les écraser entre les doigts, ou en les frottant légèrement entre les doigts et la partie qu'elles occupent, ou bien on les fera tomber avec la barbe d'une plume ou d'une petite brosse, sur un papier ou dans une soucoupe, pour ensuite les écraser.

3. Quelques auteurs conseillent de mettre

sur les arbres attaqués de pucerons d'autres insectes qui sont des larves qu'on appelle lions de pucerons: ces larves voraces détruisent tous les jours une grande quantité de ces insectes, avec d'autant plus de facilité que ceux - ci restent tranquilles et immobiles auprès de leurs ennemis.

4. On se sert d'une seringue d'étain coëffée d'une pomme à mille trous, et adaptée au moyen d'une vis ; on la remplit d'une eau de chaux bien éteinte, dans laquelle on a dé-trempé une poignée de mauvais tabac en poudre sur deux pots d'eau ; et on en arrose les arbres attaqués de ces insectes : la vermine périt, les arbres poussent du bois, et leurs fruits grossissent : quatre ou cinq jours après l'injection de la chaux, on arrose les mêmes arbres avec la seringue remplie d'eau claire.

5. Un cultivateur de Silésie s'est assuré, après bien des expériences, que huit ou dix gouttes d'huile de baleine, versées au pied des plantes où se réfugient les pucerons des jardins, et autant d'eau sur cette quantité d'huile, suffisoient pour les faire périr.

6. Le tan dont on a enduit les peaux des animaux préparées à former des cuirs, enfouis dans la terre avec elles durant plusieurs mois et des années même, y acquièrent par leur fermentation un acide et une amertume, qui fait mourir les pucerons, quand on l'applique sur les branches.

7. Prenez deux à trois boisseaux de tan, laissez-les dans un baquet avec de l'eau, fermenter pendant quelques jours au soleil ; mettez ensuite dans une terrine ce tan délayé un peu plus clair que du mortier, et faites-en un enduit à toutes les branches gâtées par les pucerons, ils en seront étouffés ; vous recommencerez autant de fois que la peuplade de pucerons qui succederont à ceux-là viendra à s'éclore.

8. Mouillez vos Rosiers et répandez du soufre sur les pucerons, ils creveront tous.

9. Le tabac soit en poudre, soit bouilli, dont on applique la lessive avec la poudre sur les pucerons, fait aussi le même effet.

10. Faites une décoction de coloquinte, que vous appliquerez sur vos arbres, après l'avoir fait bien bouillir ; vous réitererez soir et matin jusqu'à parfaite destruction des pucerons et autres insectes nuisibles.

11. Roger Schabol conseille de frotter les branches de Rosier, ou autres arbres et arbustes, avec de la lie de vin, de la cendre, ou de la suie de cheminée détrempée dans de l'eau ; ce sont, suivant lui, des spécifiques sûrs pour étouffer les pucerons.

12. Rien n'est plus ordinaire que de voir les bour géons, les feuilles, les jeunes pousses des Rosiers rongés par de petites chenilles vertes ; le seul moyen de prévenir le mal que

font ces chenilles, est de les chercher avec soin pour les écraser.

13. Dans la plupart des livres économiques on conseille de jetter sur les végétaux infectés de chenilles, de la poudre, ou une forte décoction, ou une simple infusion de tabac, d'absynthe, de coloquinte, de tanaisie, de gentiane, de la suie de cheminée, une eau de chaux vive, une dissolution de savon blanc ou noir, de l'huile, de l'essence de thérébentine, mais toutes ces sortes de drogues ont leur inconvénient.

14. Un moyen pour détruire les chenilles, c'est d'exterminer les papillons et les phalènes qui les produisent : on met dans divers endroits du jardin des plats de terre vernissés ou de fayence, et on forme sur ces plats une courone avec des baguettes pliées en forme de demi-cercles ; on entrelace diverses fleurs dans cette courone, et on enduit tous les jours de glu ces baguettes et ces fleurs ; les papillons viennent s'y prendre en grand nombre, et en se débattant en attirent de nouveaux : lorsqu'il s'en trouve une assez grande quantité, on les écrase, ayant soin néanmoins d'en laisser deux ou trois pour attirer les autres ; dans peu de tems ces insectes deviendront fort rares.

15. Pour détruire les chenilles, prenez du genêt, coupez-le menu, faites-le tremper ou

infuser dans de l'eau pendant la nuit ; il en
faut une brassée pour un baquet ; le lendemain avec une poignée d'herbe en forme de
petits balais, aspergez-en les Rosiers où vous
verrez des vers et chenilles : la qualité du genêt que l'eau aura contractée, les détruira.
Nous pourrions encore rapporter d'autres secrets pour la destruction des différens insectes
qui peuvent nuire aux Rosiers ; les livres de
jardinage en fourmillent, il est inutile de les
renouveller ici.

CHAPITRE IV.

De la manière de cultiver les Rosiers.

LES Rosiers sont des arbrisseaux très-peu délicats ; ils viennent par-tout sans soins ; dans les parterres, le long des murs, dans les bosquets, au pied des berceaux en palissades ou en pots ; il faut seulement observer de ne pas trop laisser étendre leurs racines, de leur donner quelquefois un léger labour, de les décharger du trop de bois qu'ils peuvent avoir, et des branches mortes qui s'y peuvent rencontrer, car il arrive souvent que les branches qui ont porté beaucoup de fleurs périssent, mais elles sont pour l'ordinaire, remplacées par de nouveaux jets gourmands, qui partent de la racine. On tond et on palisse quelquefois cet arbuste, pour la plus grande décoration des bosquets.

Il y a une espèce de Rosier auquel les jardiniers donnent le nom de Rosier de tous les mois, parce qu'il fleurit sept à huit fois l'an ; ce Rosier exige de plus que les autres, quelques soins, sans lesquels il ne fleuriroit qu'une fois ; les curieux et les jardiniers ont la méthode de le tailler près de terre en Septembre, pour avoir au primtems des jets hatifs ; à la fin de mars ils le taillent aussi après chaque pousse,

en coupant les branches au-dessus des nœuds,
lorsqu'elles sont poussées ; c'est par ce moyen
qu'ils les forcent, pour ainsi dire, à fleurir
toujours, et pour avancer la première fleur,
ils garnissent le pied de l'arbuste d'un bon pied
de terreau, et ils lui procurent ainsi de nouveaux sels : on pourroit même faire porter
aux Rosiers les plus communs, une seconde
fleur à la fin de l'été, en les taillant sous la
première fleur, aussi-tôt qu'elle en est dispa-
rue ; le Rosier des Indes et de la Chine demande la serre chaude : en général, une terre
légère et sabloneuse, est celle qui convient le
mieux aux Rosiers : on y peut élever cet arbuste de semences, mais on a coutume de le
multiplier par marcottes, ils reprennent même
de boutures : on greffe les espèces les plus rares
sur celles qu'on a abondamment, d'où l'on
peut conclure qu'il y a cinq manières de multiplier les différentes espèces de Rosiers, par
graines, par dragéons ou rejettons, par couchées, par marcottes et par la greffe. La première méthode, par la graine, est longue,
incertaine, et le plus souvent trompeuse ; la
méthode par les dragéons est la plus sûre,
pourvu qu'on rabaisse les tiges, qu'on tra-
vaille la terre tout autour des racines, qu'on
y ajoute du terreau et du fumier ; quand un
pied a poussé plusieurs rejettons, on déchausse
légèrement les racines, et on sépare du tronc

les rejettons enracinés ; cette opération doit avoir lieu en octobre, dans les provinces méridionales, et à la fin de l'hiver dans celles du nord.

A l'égard des Rosiers qui poussent de longues branches, *tels que les Rosiers musqués*, qui ne donnent presque point de rejettons, on en fait des couches, mais un pareil moyen est lent ; ces branches couchées sont deux ou trois ans pour prendre racine : on jouit plus promptement avec la marcotte, elle se pratique vers le mois de septembre ; on courbe doucement, pour cet effet, quelques branches d'une belle venue, du Rosier que l'on veut multiplier ; après les avoir préalablement émondées proprement, sur-tout ce qui doit être couché en terre, on arrête chacune de ces branches avec un cercle de bois , on les couvre de terre, on les arrose, et on les laisse ainsi jusqu'à ce qu'ils aient pris racine ; au bout de six mois on les détache du tronc , et on les transplante à demeure. La greffe offre une ressource plus précieuse aux amateurs.

Greffer, c'est insérer une partie d'une plante dans une autre ; on greffe en écusson et en œil dormant ; la première est en usage pour les arbres et arbustes dont la tige est foible, la greffe à œil poussant est la même que celle à œil dormant, excepté seulement que la première se fait en juin , et qu'on coupe la tige du sauvageon à quatre doigts au-dessus de la greffe aussi-tôt qu'on a posé l'écusson , tandis que la seconde se fait en juillet, août , et même en septembre, et qu'on attend au mois de mars de l'année suivante pour couper la tige pareillement à quatre doigts de la greffe.

Pour greffer un Rosier en écusson , il faut couper sur le Rosier qu'on veut multiplier , un jet de l'année dernière où il se trouve des bourgéons , on en retranche toutes les feuilles, on ne conserve qu'un œil à chaque greffe , on donne avec le greffoir dans l'écorce qui environne cet œil , trois coups de couteau en triangle , au milieu duquel se trouve ménagé cet œil.

L'écusson doit avoir la figure d'un V, quand il est détaché de ses branches avec le germe , on porte à la bouche le dedans qui se trouve bien net et luisant ; après quoi on fera avec le greffoir une incision en travers dans un endroit assez uni du Rosier commun ou un autre , d'environ un pouce, ce qui représente un T ; la main du jardinier doit être adroite pour enlever cette écorce , afin qu'en faisant l'incision, il ne coupe que la seule écorce du sujet sur lequel on ente, sans enfoncer dans le bois.

Les deux incisions faites , le jardinier ouvrira avec le coin du manche du greffoir, et levera peu-à-peu l'écorce de part et d'autre, au-dessus de la ligne transversale du T ; en-

suite il prendra avec la main gauche l'écusson
qu'il tient à la bouche, et il introduira de la
main droite avec le manche du greffoir, l'é-
cusson avec le bois et l'écorce, jusqu'à ce que
la tête de l'écusson joigne la ligne qui transverse le haut du T: l'écusson posé, il le liera
avec de la filasse. Par le moyen de la greffe,
un même Rosier peut porter cinq ou six espèces de Roses différentes, telles que des simples, des doubles, des cramoisies, des blanches,
des panachées, des jaunes, etc.

Il est à observer, au sujet du Rosier, qu'il
est bon de laisser un peu de bois au bouton
qu'on écussonne, sans quoi la greffe ne réus-
siroit pas.

La première espèce de Rosier, le *Rosier
églantier*, croît par-tout et réussit à toutes
sortes d'expositions; quand on veut le tailler,
il faut le faire en novembre et en février; il
n'exige que la plus légère culture; il se multiplie par rejettons, par greffe et par marcottes qu'on fait en automne. Les amateurs trans-
plantent dans les jardins et les cours, de
grands et forts rejettons de Rosier églantier,
hauts de sept à huit pieds, on les rencontre
dans les haies; la deuxième année de leur
replant, ils posent vers le sommet de ses
tiges des greffes d'une ou de plusieurs espèces
de Roses doubles; ces greffes étant re-
prises, forment en très-peu de tems une tête

très-agréable. Le Rosier rouillé n'est pas difficile à cultiver, pourvu qu'il soit bien exposé
au soleil, et qu'il se trouve planté dans une
bonne terre potagère, il réussit très-bien : on
le taille en octobre et en février. Le Rosier à
odeur de canelle ne demande pas plus de soin
pour sa culture ; les fleuristes l'estiment à cause
de la singularité de son odeur. Le Rosier des
champs se plait à toutes sortes d'expositions
et dans toute sorte de terrein. Le Rosier à
feuilles de pimprenelle est bas de tige, on le
plante parmi d'autres arbustes peu élevés ; il
aime l'ombre et un terrein humide ; les amateurs le placent à l'entrée des bosquets et des
allées sombres. Le Rosier très-épineux ne s'é-
lève pas plus que le précédent ; sa culture est
aussi la même. Le Rosier ridé demande l'o-
rangerie pendant l'hiver ; dans les tems doux
on l'approchera des vitrages pour lui procurer
un air frais , et durant l'été on le sortira avec
les autres plantes de l'orangerie ; comme ce
Rosier conserve son feuillage pendant toute
l'année, il plait aux amateurs. Le Rosier de la
Caroline n'exige pas plus de culture que l'é-
glantier ; il ne s'épanouit que fort tard , et
les fleurs qu'il donne sont très-odorantes. Le
Rosier velu se plait dans les terreins secs et
épineux, mais il craint la trop grande chaleur. Le Rosier de la Chine demande la serre.
Le Rosier toujours verd demande une bonne

terre potagère, bien meuble et succulente, il exige d'être arrosé souvent, il n'a pas peur du froid; il donne des fleurs jusqu'à la fin de l'automne. le Rosier à cent feuilles, autrement le Rosier d'Hollande, se plait dans une bonne terre potagère et aime aussi d'être exposé au soleil. Le Rosier de France ne demande pas grande culture, il n'exige autre chose qu'un léger labour, quelques arrosemens, et une taille pareille à celle des Rosiers ordinaires. Le Rosier à feuilles panachées n'est qu'une variété du Rosier de France, et ne s'élève pas haut; il lui faut une terre potagère bien meuble et forte, sur-tout si on le met en caisse ; il aime les arrosemens, et n'exige que quelques heures de soleil par jour; on le greffe en écusson pendant le tems des deux sêves ; quant au Rosier nain, il demande d'être taillé dès que la fleur est passée; la terre légère lui convient aussi, de même que les arrosemens ; Le Rosier des Alpes se cultive comme le Rosier de France, mais il est sans épines. Le Rosier des chiens exige la même culture et la même taille que le Rosier églantier. Le Rosier des collines se cultive aussi comme le précédent. Le Rosier des Indes demande la serre. Le Rosier à fruits pendans, se contente de quelques labours et de quelques arrosemens. Le Rosier blanc vient très-bien dans une terre forte, il aime beaucoup le soleil, et il ne lui faut que quelques labours lorsqu'il est en pleine terre ; on ne le taille pas, mais on le décharge seulement du vieux bois qui ne donne point de fleurs ; il se propage de plants enracinés qu'on enterre de quatre doigts; on le multiplie aussi de branches éclatées avec les racines, on les plante à un pied en terre ; et pour les faire reprendre plutôt, on les arrose, après quoi, on ne leur donne pour toute culture que quelques légers labours de tems à autre, il ne craint pas le froid, rien n'empêche d'en greffer en écusson sur le Rosier commun. Le Rosier multiflore demande l'orangerie, il est meme très-délicat.

Telle est la culture des vingt-une espèces de Rosiers rapportés par Linnée : voyons actuellement la culture des différentes variétés que nous avons rapportées à la suite des espèces. Le Rosier d'Espagne aime d'être exposé au midi, il demande d'être arrosé souvent, il se taille et se cultive comme le Rosier ordinaire. Le Rosier blanc à tiges traînantes se cultive comme le Rosier musqué, ou le Rosier toujours verd. Le Rosier de Virginie est un des derniers Rosiers qui fleurissent ; il ne fleurit pour l'ordinaire qu'en septembre, et quand il se trouve à une exposition chaude, il continue à fleurir jusqu'en octobre ; sa culture est la même que celle du Rosier églantier. Le Rosier musqué à tige traînante n'exige d'autre soin et d'autre culture que celle du Rosier

toujours verd et du Rosier blanc à tiges traînantes ; ces trois Rosiers se multiplient par
dragéons, qu'on tire assez difficilement du
pied, aussi les greffe-t-on par préférence en
écusson, sur le Rosier commun et le Rosier
double blanc ; ce Rosier ne veut pas être taillé.
Le Rosier à fleurs jaunes doubles demande une
terre forte, il aime le grand air et la liberté,
on ne le taille jamais, cependant on en enlève
les branches qui sont mal placées, usées et
inutiles ; on perpetue ce Rosier de dragéons
enracinés qu'on tire du pied, ou de marcottes ;
on fait cette opération en automne et au printems ; comme la pluie fait beaucoup de mal
aux Roses jaunes doubles, on les couvrira au
moment de leur épanouissement avec des pail-
lassons ou autres abris semblables ; ce Rosier
fleurit vers la fin du printems. Le Rosier d'Autriche n'exige pas autant de soin que le précédent, il n'en aime pas moins un sol humide et
profond.

Le Rosier de Damas demande d'être taillé
deux ou trois fois par an ; la première taille se
fait au mois d'octobre, à raze terre pour
l'obliger à pulluler de nouveau ; la seconde
taille se fait en mars et avril, on ravale les
nouvelles branches à un œil ou deux près de
leurs racines ; après la seconde taille on fera
un cerne au pied de ce Rosier, soit qu'il soit
en pleine terre, soit en caisse, et on remplira

ce cerne d'une terre nouvelle et bonne, on y ajoutera même du terreau, après quoi on l'arrosera, et on continuera pendant l'été ce même arrosement, sur-tout lorsqu'on s'appercevra que l'eau lui est nécessaire. On multiplie le Rosier de Damas par marcottes et par boutures qu'on aura taillé en automne, on fiche ces branches en terre en novembre ou décembre, à la hauteur de deux doigts de terre; on le greffe aussi en écusson sur le Rosier commun.

Le Rosier de tous les mois a l'avantage de donner des fleurs qui se succèdent long-tems, mais il faut avoir soin de découper toutes celles qui fleurissent, et d'observer les précautions suivantes: il faut 1°. Le tailler à raze terre en septembre, pour avoir des jets hatifs au printems. 2°. Le tailler encore à la fin de mars, en approchant les nouveaux jets jusqu'aux yeux les plus près de la tige. 3°. Le retailler encore après chaque pousse, en coupant les branches au-dessus des nœuds où étoient les fleurs, après qu'elles sont passées. C'est ainsi qu'il se voit forcé à fleurir toujours, et pour avancer sa fleuraison, on répand au pied de l'arbre un doigt de terreau, après quoi on l'arrose.

Le Rosier Belgique veut beaucoup de soleil et une terre bonne et forte, on le plante en novembre et février, ou même au commencement de mars, on le fiche en terre de quatre doigts,

doigts, et on le taille au printems en cas de
nécessité ; on arrose souvent ceux qui sont en
caisse ; si on veut les maintenir long-tems en
bon état, on aura soin, dès qu'ils s'élaguent
un peu, de déchausser le pied de ceux qui sont
en pleine terre, pour leur donner une nouvelle
terre féconde en sels ; on pourra de même renouveller la terre de ceux qui sont en caisse ;
on donne la même culture au rosier à fleurs
couleur de chair. La culture du rosier de Provins est la même que celle du rosier d'Hollande : quant au rosier incarnat, sa culture
est des plus faciles, il ne demande pas plus de
soin que les Rosiers ordinaires. Le rosier
pompon craint le grand soleil, il demande
d'être taillé si-tôt la fleur passée ; pour ce qui
regarde le reste de sa culture, elle est la même
que celle des autres espèces ; il en est de même
du rosier de Champagne que du rosier pompon ; à l'égard du rosier de Francfort, comme il s'élève pour l'ordinaire à sept ou huit
pieds, il faut bien se donner de garde de le
planter parmi les arbustes à basse tige. Le
rosier mousseux prend difficilement de rejettons et de marcottes, le moyen le plus sûr
pour le multiplier, est de le greffer sur le rosier
de Francfort, et sur le commun ; au surplus,
sa culture est ordinaire. Le rosier à feuilles
couleur glauque ne demande presqu'aucune
culture, il est naturellement agreste.

G

Les auteurs nous ont fait connoître différens secrets sur la culture des rosiers ; le sang des animaux, dit-on, excepté celui de bouc, rend féconds les rosiers, et en ajoutant à ce sang des cendres d'autres plantes et du nitre, on parviendra à avoir des Roses d'une grosseur et d'une forme surprenantes.

Suivant Ferari, la meilleure eau pour arroser les Rosiers est celle qui est échauffée au soleil, dans laquelle on a mis de l'ancholie ou des cendres de même espèce.

Si on s'en rapporte à Pline, pour avoir des Roses de bonne heure, on plante dans le commencement ou la mi-novembre un Rosier dans un vase rempli de bonne terre, mélée avec un fumier succulent et tendre, on l'humectera tous les jours avec un peu d'eau chaude, dans les tems rudes et froids, on le rentrera dans la maison, et on ne le laissera jamais coucher à l'air pendant l'hiver ; au printems, quand le tems deviendra plus doux, on arrosera le Rosieer avc de l'eau plus chaude.

Dans le recueil des curiosités de la nature, on observe qu'un Rosier écussonné sur un amandier donne de très-belles Roses dans le tems que la terre est encorecouverte de neige.

Pour avoir des Roses pourpres dansles premiers jours de l'hiver, il faut dit, Démocrite, a l'instar des anciens romains, arroser pendant les grandes chaleurs deux fois par jour le rosier qu'on y destine.

Si on veut avoir au printems des Roses qui ne fleurissent qu'en automne, il faut les alimenter avec du marc de raisin, dont on a ôté toutes les petites peaux, avec du marc d'olives, du fumier de cheval, des eaux de basse-cour. Enfin, suivant Cardan, si on veut avoir des Roses précoces, il faut: 1°. Echauffer et animer le bourgeon, pour qu'il ne se développe pas trop tard. 2°. Il faut les placer dans un endroit chaud. 3°. Il faut leur donner une nourriture succulente. 4°. Il faut que cette nourriture convienne à l'espèce de Rosier sur lequel on fait l'épreuve; et si on veut les avoir en hiver, dit l'abbé de Valmont, il faut arracher les rosiers dès qu'ils commencent à pousser, et de là les transplanter dans une terre un peu moins grasse. Lorsqu'on écussonne un Rosier sur un pommier on est sûr d'avoir à la fin d'août ou de septembre, tout-à-la-fois, des fleurs printannières, et des fruits automnaux, c'est une observation de Porta, dans les secrets de la nature: le même auteur observe que pour avoir des Roses fort tard, il ne s'agit que de rompre doucement avec ses doigts les boutons naissans, ou les calices qui contiennent la fleur, et en même tems les arroser beaucoup pendant les chaleurs de l'été; par ce moyen, on retardera dans la tige la sève, mais insensiblement elle s'échauffe et reprend son mouvement. Pour conserver une Rose pendant long-tems, rien n'est plus facile, c'est de l'enfermer exactement, avant qu'elle ne soit épanouie, entre deux pots de terre qui ne soient pas vernissés, et quand on veut en jouir, on la présente au soleil, elle s'épanouit aussi-tôt; nous ne garantissons pas ce fait.

Albert le Grand dit que si on veut avoir des Roses vertes, il faut enter des Roses sur le houx ou l'oranger, et que si on veut avoir des Roses noires, il faut prendre les petits fruits qui croissent sur les aulnes, les bien sécher et pulvériser, les mêler ensuite avec du fumier de moutons, une petite pointe de vinaigre, un peu de sel, en observant qu'il se trouve dans la composition un tiers de la couleur; on dépose ce mélange épais comme de la pâte, sur la racine d'un Rosier, on arrose en même-tems l'arbuste avec une eau teinte de la même couleur; si on veut avoir des Roses bleues, au lieu de fruits d'aulne, on employera des bluets ou barbaux, et pour se procurer des Roses vertes, on arrosera le Rosier avec du suc de rhue: nous ne garantissons pas ici ces prétendus secrets, et loin de les garantir nous n'y ajoutons aucune foi, nous n'ajouterons pas plus de foi à ceux pour donner de l'odeur aux Roses, pour leur donner, dit-on, un parfum délicieux, on mêlera à l'eau qui sert à leur

arrosement, du musc, de la civette, de l'ambre
en poudre, on peut encore détremper du fumier avec ces ingrédiens et vinaigre, ou avec
toute autre substance odorante dont on sou-
haite leur communiquer l'odeur.

On peut encore pour remplir le même effet,
laisser tremper pendant quelque tems les
plants des Rosiers avant de les transplanter
dans une eau saturée de musc : tous ces moyens
pour ne pas dire la plupart, sont insuffisans;
le vrai moyen pour donner à une Rose la couleur et l'odeur qu'on désire, c'est de la couper
par un tems sec, avant son épanouissement,
et de la laisser se déveloper dans un liquide
chargé de la substance odorante ou colorante
que l'on veut offrir. La chymie nous a fourni
un procédé très-ingénieux pour verdir en un
moment les pétales de la Rose la plus vermeille, sans altérer en aucune façon sa substance; il suffit de la plonger tout simplement
dans un vase rempli de gaz ammoniacal, autrement gaz alkali volatil ; cette Rose y prend
dans un clin-d'œil, une couleur verte très-
agréable; à défaut de gaz ammoniacal, on exposera simplement la fleur à la vapeur de l'alkali volatil fluor, dans un vase bien clos : on
se sert du gaz acide sulphureux de la même
manière, on fera perdre aux Roses leur couleur,
et on les rendra d'une blancheur éclatante.

Un moyen très-vanté pour avoir des Roses

en toute saison, c'est de couper des tiges garnies de boutons rouges et non épanouies, d'en
cacheter les queues, et de les renfermer séparé-
ment dans des cornets de papier, que l'on
fermera hermétiquement dans une boëte ;
lorsqu'on voudra se procurer une Rose, il suf-
fira vingt-heures auparavant, de la tirer du
cornet, d'en couper légèrement la queue, et de
mettre la tige dans un verre d'eau sur une cheminée, ou dans un appartement bien chaud.

Theophraste dit qu'en Grèce on étoit dans
l'usage d'appliquer le feu aux Rosiers pour leur
donner de la fecondité, et que sans cette précaution, ils n'auroient point donné de fleurs.

Pour avoir des Roses en automne, au rapport de la Bretonerie, il faut dépouiller quelques Rosiers ordinaires, ou à cent feuilles,
de leurs boutons dès qu'ils commencent à paroître, et même totalement de leurs feuilles ;
ces Rosiers repousseront pour lors à merveille,
reviendront dans leur beauté, et donneront des
fleurs en automne ; cependant il ne faut pas répéter tous les ans cette opération sur le même
rosier, cela pourroit bien le trop fatiguer.

Pour faire croître extraordinairement un
rosier, on l'arrose avec une lessive faite avec
des cendres d'autres rosiers qu'on aura brû-
lés. Pour avoir des Roses en novembre, rien
n'est plus facile, il ne s'agit que de couper au
printems les branches des rosiers qui parois-

sent devoir porter des fleurs, il arrivera que
les rejettons en donneront en automne : un
autre fait que Bacon a observé, c'est que si
on arrache les bourgeons des rosiers, dans
le tems qu'ils commencent à se développer,
on verra aussi-tôt naître de nouveaux rejettons qui fleuriront fort tard ; le même auteur
observe que si on coupe toutes les branches
anciennes, et si on laisse celles de l'année dernière, on obtiendra en automne des fleurs qui
n'auroient dû paroître qu'au printems.

Pour retarder la fleur du Rosiers, on décou-
vrira vers noël leurs racines, et on les laissera
ainsi pendant quelques jours. Une autre méthode pour retarder la fleuraison des Rosiers,
c'est de les arracher quelques semaines avant
qu'ils ne s'épanouissent.

Un moyen sûr pour se procurer des Roses
dans tous les mois, c'est lorsque les Rosiers
sont en caisse, d'en courber les branches et de
les attacher à des bâtons aussi courbés en terre.
Un autre moyen encore, pour retarder les
fleurs des Rosiers, c'est de les planter dans un
lieu ombragé, (c'est un conseil de Bacon)
comme au pied d'une haie.

CHAPITRE V.

De la manière d'employer les Roses comme ornemens dans les jardins, et de la méthode qu'on peut employer pour former une Roseraie.

PERSONNE n'ignore, nous ne pouvons assez le répéter, que les fleurs du Rosier, l'élégance de leur forme, la suavité de leur odeur, et l'effet pittoresque qui résulte de ces arbrisseaux, ont assigné à cet arbuste une première place dans nos jardins; il en fait les embellissemens on en fait des buissons pour les plates-bandes; on l'entremêle dans les bosquets avec d'autres arbrisseaux; on garnit de Rosiers des carrés entiers qu'on taille à une légère hauteur; on les entremêle admirablement bien avec du jasmin et du chèvre-feuille, enfin on les employe de toutes manières pour garnir les jardins d'ornement. Le Rosier églantier sur lequel on a greffé plusieurs espèces de belles Roses, forme en peu de tems une tête très-agréable, les amateurs en ornent leurs jardins et leurs cours, ils s'élèvent à sept à huit pieds de hauteur. Le rosier à odeur de canelle mérite d'être cultivé par la singularité de son odeur. Le Rosier à feuilles de pimprenelle joue très-joliment à l'entrée des bosquets et des allées sombres. Un auteur prétend qu'une statue représentant le bonheur, et entourée de Rosiers très-épineux, offriroit une allégorie assez heureuse.

Le Rosier ridé, qui conserve ses feuilles pendant l'hiver, y est d'un plus charmant effet. Le Rosier de la Caroline est très-odorant, il forme de jolis buissons dans les parterres. Le Rosier velu convient très-bien pour border les chemins tortueux et gravissans des labyrinthes, sur le sommet des plates-formes, pourvu qu'il soit ombragé de quelques grands arbres, d'autant plus qu'il craint la trop grande chaleur. La place du Rosier musqué toujours verd est dans les parterres, parmi les balsamines, les reines marguerites, et le corail des jardins ; ses touffes de fleurs reserrées vers le bas, et agitées légèrement par les vents, produisent vers la fin de l'été un effet plein de grace. Le Rosier d'Espagne se trouve très-bien placé sur les terrasses et autres lieux élevés ; son feuillage velu se marie très-bien avec la face bigarrée des renoncules et des anémones. Le Rosier à fleurs jaunes doubles s'élève avec assez de grace au-dessus des tulipes et des scabieuses. Le Rosier d'Autriche à fleurs capucines, forme par ses fleurs un contraste unique avec le Rosier blanc ; quant au Rosier d'Hollande, on n'ignore pas qu'il fait un effet très-agréable dans les plates-bandes des grands jardins, ou parterres ; on le dresse en buissons bien garnis, en pyramides, en globes, ou ne lui laissant qu'une branche, on le taille par en haut en forme sphérique; rien de plus mignon qu'un quarré de Rosiers nains plantés en quinconces. Le Rosier des chiens des haies, produit un charmant effet dans les haies qui entourent les hermitages rustiques, le long des ruisseaux et des prairies. Le fruit du Rosier des collines qui est rouge et brillant, flatte en automne très-agréablement la vue. Le Rosier des Indes fait l'ornement des serres en hiver. La forme des fruits du Rosier à fruits pendans, lui assigne un rang distingué parmi les arbustes curieux. Le rosier blanc à fleurs doubles est très-propre à faire une haie, une palissade, et pour couvrir des cabinets. Les fleurs paniculées du rosier multiflore, et ses péduncules velus, lui font mériter l'attention des amateurs fleuristes. Le Rosier de Damas est très-propre pour faire des haies dans les jardins; on peut en mettre en palissades, le long de quelques grandes allées, il garnit plus que les autres Rosiers. Le rosier de Provins forme dans les jardins un contraste piquant avec les Roses blanches avec lesquelles on peut le marier, sans avoir aucune crainte que cette dernière espèce ne l'étouffe. Le Rosier pompon pourroit se planter en cercle autour des trois Graces, ou de la statue de la volupté; cette espèce est délicate et fraîche comme ces Déesses, et les

plaisirs dont elles sont pour nous l'emblême,
sont encore plus passagers que ces Roses. Le
rosier à feuilles de couleur glauque mérite d'être
recherché par les curieux, le caractéristique
de ses feuilles doit lui conserver une place dans
les bosquets d'agrément, il fait très-bien, planté avec profusion sur quelques routes agrestes,
qui pourroient conduire à un temple consacré
à quelque divinité maritimes. Enfin le Rosier à tiges en zig-zag, qui est d'une forme extrêmement singulière, sans être néanmoins
d'un port très-agréable, seroit fort bien placé
à l'entrée d'une allée tortueuse, ou même dans
un labyrinthe, il fourniroit d'avance une idée
des détours sinueux où l'on va s'engager.

Enfin, de tous les arbrisseaux, celui qui
l'emporte par la beauté de ses fleurs, est sans
contredit le Rosier ; le détail dans lequel nous
venons d'entrer, confirme on ne peut pas plus
notre assertion tant de fois répétée dans cette
monographie. Cet arbuste fait le plus bel
ornement des jardins, et la parure des Dames
la plus recherchée, quoique la plus naturelle, comme nous l'observerons ci-après.
Il y avoit un bosquet de rosiers de différentes
espèces, dans les jardins de Friscati près de
Metz ; quand ces Rosiers se trouvoient en
fleurs, on ne pouvoit rien voir de plus agréable, l'air y étoit entiérement parfumé de l'o-
deur de ces fleurs, enfin, il falloit voir ce joli

bosquet pour pouvoir se le représenter, tant il étoit délicieux ; on y distinguoit sur-tout entre les Roses ordinaires, l'églantier sauvage des bois, l'églantier odorant, dont les feuilles sentent la pomme; ses fleurs sont petites, couleur de rose, et odorantes, semblables à celles du petit Rosier de Meaux. Le Rosier des chiens dont les fleurs sont rouges, larges, et sans odeur, est très-agréable dans les bois et les haies. Le Rosier très-épineux, le Rosier blanc dont les feuilles sont assez semblables à celles de la pimprenelle, sont fort jolis ; ses fleurs blanches, sans odeur, forment un coup-d'œil agréable, ainsi que nous l'avons déjà observé. Le rosier jaune, dont les fleurs sont belles, quoique non odorantes ; les feuilles d'un vert tendre, et découpées finement ; sa variété à fleurs doubles, est très-recherchée. L'églantier et le Rosier des chiens dont nous venons de parler, sont sur-tout très-recher-cherchés pour former des haies épineuses ; quand leurs tiges s'étendent trop loin, on les retranche, on les abbat avec le croissant, ou la serpete, pour les rendre plus égaux et impénétrables.

On appelle Roseraie, un bosquet dans lequel on a réuni toutes les différentes espèces ou variétés de Rosiers ; d'une pareille réunion il en résulte l'effet le plus charmant, sur-tout si dans la plantation que l'on fait, on observe un certain ordre ; nous allons exposer ici la méthode à suivre dans un pareil arrangement ; après avoir préparé l'emplacement dans un endroit abrité du vent du nord, mais qui ne reçevra que quatre ou cinq heures du jour la chaleur du soleil, en plantera ainsi les espèces de Roses, selon leur couleur et leur hauteur.

Au premier rang, c'est-à-dire à celui adossé aux murs, on mettra le rosier églantier à fleurs jaunes simples, ensuite le rosier à odeur de canelle, qui a des pétales rouges foncés, le Rosier blanc musqué très-épineux, le rosier ridé, le Rosier des champs blanc simple, le rosier à cent feuilles avec sa variété, le rosier musqué blanc à tige traînante, le rosier d'Espagne d'un rouge clair simple, le rosier à feuilles couleur de rouille, et à fleurs jaunes ; le rosier musqué blanc, le rosier de Virginie à fleurs d'un rouge pâle et simples, et le rosier glauque. On placera au deuxieme, ou à deux pieds en avant du premier, le rosier de la Caroline à fleurs rougeâtres, le rosier de la Chine, le rosier blanc à fleurs doubles et ses variétés, le rosier d'Autriche à fleurs capucines, et ses variétés, le rosier de Damas d'un rouge pâle avec ses six variétés, le rosier de France d'un rouge foncé, avec ses trois variétés, le rosier de Provins avec ses autres variétés, le Rosier sans épines d'un rouge clair, le rosier de Francfort, le rosier Belgique couleur de chair, et sa variété.

Enfin, on placera en avant de tout, en plates bandes ou en caisse, le rosier incarnat à fleurs d'un rouge pâle, et à odeur de musc ; le rosier rose à fruits pendans, le rosier multiflore à fleurs blanches, le rosier jaune à fleurs doubles, le Rosier pompon, d'un incarnat vif dans le cœur ; le rosier des Indes, le rosier blanc, le rosier barbu, le rosier de Champagne et sa variété, le rosier vert, le rosier nain rougeâtre, le rosier à feuilles de pimprenelle, le rosier noir, le rosier velu, simple et rouge ; le rosier mousseux à fleurs d'un rouge cramoisi, enfin le rosier en zig-zag

Une collection aussi charmante vaudroit bien celles dont quelques amateurs de tulipes tirent tant de vanité, il est donc surprenant qu'il y ait aussi peu de fleuristes qui s'amusent à former des Roseraies.

Avant de finir ce qui concerne la culture des Roses, et leurs propriétés comme ornemens des jardins, nous observerons: 1°. Que le Rosier à cent feuilles ne fleurit point à l'ombre. 2°. Que le rosier blanc double étouffe tous ceux qui croîssent autour de lui, ainsi on doit craindre de le marier, sur-tout avec le rosier jaune. 3°. Que les rosiers se multiplient par graines, boutures, marcotes, et en écusson sur d'autres rosiers. 4°. Que le rosier de graines vient lentement, mais il diversifie ses variétés. 5°. Que la manière la plus ordinaire de mul-

tiplier les rosiers, c'est par boutures ou par
marcotes. 6º. Qu'on se sert de l'ente en écusson pour multiplier les rosiers peu communs,
et qui prennent difficilement de boutures. 7º.
Que pour faire épanouir des Roses jaunes, il
faut abbattre une grande partie des boutons,
et n'en laisser qu'un très-petit nombre. 8º. Que
le rosier vient mal en pot et en caisse, à cause
de la grande quantité de ses racines. 9º. Que
dans un terrein sec les Roses sont plus odorantes et plus fortes en couleur. 10º. Que dans
un terrein humide elles sont plus larges, moins
colorées, et plus tardives. 11º. Qu'on ne plante
pas des rosiers ni pendant les gelées, ni pendant les fortes chaleurs. 12º. Enfin, qu'en général toutes les espèces de rosiers ont besoin
d'être taillées et tenues sur bois jeune, excepté
le rosier jaune et le musqué. Nous observerons
encore ici que nous tenons d'un âne la manière
de prolonger la saison des roses en en coupant
les boutons : cet âne s'étant introduit dans un
jardin, rongea et dépouilla quelques rosiers,
et en prolongea par-là les roses.

CHAPITRE VI.

De l'analyse chymique des Roses, spéciale-
ment de l'huile de Rose.

ON tire par la distillation des fleurs de Rose
une huile essentielle éthérée, de la consistance
d'onguent, dont la qualité augmente ou diminue, selon que les roses ont plus ou moins d'o-
deur, de sorte néanmoins, que des plus odorantes on a très-peu d'huile, et même avec
beaucoup de peine, c'est ce qui a fait dire à Boër-
haave, dans ses élémens de chimie que, l'huile
de Rose étoit très-rare, Ettmuller en appelle
même le procédé, un paradoxe chymique: Ta-
chenius n'a pu tirerqu'un demi-gros d'huile de
cent livres de Rose. Rosenserf rapporte qu'il a
été plus heureux à Strasbourg, et il en donne
le procédé. La Rose ne contient donc que très-
peu d'huile, beaucoup de terre, de flegme, et
du sel essentiel, de même que toutes les autres
plantes: la proportion de ces principes chy-
mìques, varie dans presque toutes les Roses.

Aublet nous a donné une procédé pour
distiller l'huile essentielle de Roses : pour ce
procédé, il faut que le fond de la cucurbite soit
cônique, et que cette partie soit entiérement
exposée aux flammes du fourneau ; il faut
aussi que le milieu, ou que la partie qui est au-
dessus

dessus de la pointe du cône, soit fort évasée,
dans la hauteur d'un pied, sans y comprendre
le cercle de son ouverture qui reçoit le chapiteau; sur un des côtés de cette cucurbite, on
soudera un tuyau assez long pour qu'il pénêtre
dans le cône, et y conduise de l'eau bouilante
lors qu'il en est besoin. Quand l'alambic est
armé, il faut que la partie supérieure et ouverte du cône soit couverte par une plaque
de cuivre criblé de petits trous, afin que les
Roses qu'on mettra dans la cucurbite ne tombent point dans le cône qui est exposé immé-
diatement au feu vif, qui les brûleroit; elles
sont soutenues par cette plaque au milieu de
la cucurbite, la plaque sera retenue par des
écroux, afin que l'eau bouillante ne les puisse
pas deranger : le chapiteau de la cucurbite doit
être simple, bas, presque droit d'une part et
voûté, de manière que la vapeur se dirige d'un
seul côté; que l'ouverture du tuyau soit évasée,
et qu'il diminue insensiblement à mesure qu'il
s'éloigne de l'alambic, pour y adapter un ou
plusieurs autres tuyaux, qui conduisent la
liqueur distillée jusques dans le serpentin : il
doit y avoir un conduit qui ne discontinue pas
d'amener de l'eau fraîche, sur le serpentin,
pour le refroidir : le chapiteau doit être sans
réfrigerant ; par ce procédé, on séparera des
Roses la partie colorante, et l'on retirera tout
le beurre qu'elles peuvent contenir. Comme il

H

faut un grand feu pour faire monter le beurre ;
si l'on mettoit une trop grande quantité d'eau
dans la cucurbite, il arriveroit que la décoction et les Roses monteroient jusqu'à l'ouverture du tuyeau, et passeroient dans le serpentin ; on perdroit pour lors les Roses et
ce qui seroit passé de bon ; il faudroit nécessairement désarmer l'alambic, lever le chapiteau, les tuyaux et le serpentin ; au contraire, ayant sur un fourneau un bassin d'eau
bouillante, vous fournissez par le tuyau indiqué ci-dessus, de l'eau à la cucurbite, tandis
qu'elle passe dans la distillation, et vous ne
ralentissez pas votre opération ; à mesure que
l'eau de Rose passe dans un récipient à bec, on
la verse dans des pots de fayance, dont le ver-
nis est très-uni, et l'ouverture sans rebords
internes, afin que le beurre ne rencontre aucun
obstacle pour monter à la surface de l'eau.
Lors que vous aurez terminé plusieurs distillations, retirez l'eau du réfrigérant du serpentin;
ayez de l'eau de Rose très-chaude, faites-la
passer au travers du serpentin, afin que le
beurre de Rose, qui s'est figé à ses parois soit
enlevé. Mettez toutes vos eaux ensemble ;
remplissez-en des pots de fayence, laissez-les
pendant quelque tems dans un vase d'eau
chaude, pour que toutes les portions butireuses
répandues dans l'eau se dissolvent, puis se ras-
semblent et coulent sur la surface de l'eau de

Roses; il n'est pas nécessaire en France d'exposer ces pots à la rosée, ni dans un lieu frais, comme on est obligé de le faire dans les climats chauds; à mesure que l'eau de Rose se refroidit, la pellicule de beurre se forme plus ou moins épaisse; on la retire, on la dépose avec celle qu'on a déjà accumulee, jusqu'à ce que toutes les distillations soient faites.

Lorsque le beurre des Roses est séparé de ce qui lui est étranger, il est d'une teinte citronée, demi-transparent, et ressemble à un crystal nébuleux, ou à de la glace; il est toujours figé, il se liquéfie en échauffant les glaçons dans les mains, mais aussi-tôt qu'on l'en retire, il reprend sa consistance: pour le transvaser, il faut tenir dans l'eau chaude le vase qui le contient, et échauffer l'entonnoir de verre, parce qu'en le versant, si l'entonnoir n'est pas chaud, le beurre s'y arrête et ne coule pas: il n'est pas possible de le falsifier.

CHAPITRE VII.

De l'utilité des Roses, dans les Arts et Métiers.

On peut employer l'églantier en guise de tan ; on s'en sert pour l'ordinaire dans la construction des hayes. Trois onces de racines ou de gros bois de cette espèce d'arbrisseau, hachées et cuites pendant deux heures dans une pinte d'eau, procurent un bain jaune doré très-riche ; un gros de laine préparée avec le bismuth, le tartre et le sel marin, n'y contracte néanmoins qu'une couleur rompue de jaune fauve ; les jeunes branches de Rose canelle hachées, cuites pendant une heure ; donnent un bain jaune aurore, dans lequel un gros de la laine préparée comme ci-dessus, prend au long bouillon une jolie nuance de nankin canelle. Les menues branches du rosier à fleurs jaunes, hachées, et cuites pareillement pendant une heure, donnent un bain jaune clair, qui s'intense au bouillon, et communique enfin à la laine de l'apprêt ci-dessus, un bon musc clair doré.

CHAPITRE VIII.

Des Roses considérées comme ornemens pour les Dames, et de leur utilité pour la Toilette.

LES dames employent les Roses de Bourgogne en guise de pompons, d'où on leur a donné le nom de *Roses pompons*; les doubles et semi-doubles leur servent de parure, c'est un de leurs principaux ornemens. Les orientaux font usage du beurre de Rose, dont nous avons donné le procédé au chapitre six pour se parfumer; ils enfoncent une épingle dans ce beurre, et la quantité médiocre que l'épingle enlève, suffit pour parfumer toute la journée plusieurs personnes. Les Romains faisoient sur-tout le plus grand cas des Roses; ils se servoient particulièrement de leurs fleurs pour se faire des couronnes; le voluptueux Horace sentoit qu'il lui manquoit quelque chose dans sa douce retraite de Tivoli, lorsque ces Roses odorantes n'ombragoient pas son front et le sein de son amie. Les dames françaises se servent encore actuellement de Roses en forme de demie-couronne, pour s'orner élégamment la tête.

On prétend que pour faire venir promptement les cheveux, il faut, après avoir rasé la tête , faire des fomentations avec la décoction d'absynthe , de *Roses* , d'aurone , de sauge , de bétoine , de verveine , de marjolaine , de myrthe , d'aneth , de gui de chêne , et de romarin.

Pour blanchir les dents, on se sert de Rose , dont nous donnerons ci-après le procédé ; on prend gomme adragante , une once ; pierre ponce , deux gros, gomme arabique , demie-once , et crystal en poudre très-subtile , une once ; on fait dissoudre les gommes dans de *l'eau de Rose* , on incorpore les poudres , et on en forme des bâtons qu'on laisse sécher doucement à l'ombre ; quand ils sont secs , on en frotte les dents , ou bien ,

On prend feuilles d'hyssope, d'origan , et de menthe seches , de chacune demie-once ; alun de roche, corne de cerf, sel commun, de chacun un gro ; on met toutes ces choses brûler dans un pot sur des charbons ardens; quand elles seront brûlées, on y ajoute poivre et mastic , de chacun un demi-gros ; myrrhe, une scrupule ; on réduit le tout en poudre subtile, et on l'incorpore avec storax liquéfié dans de l'*eau de Rose* en consistance d'opiat ; on en frotte les dents le matin, et on se lave ensuite la bouche avec du vin tiède, ou bien ,

On prend *eau de Rose* , syrop violat , miel blanc , eau de plantain , de chacun demie-once ; esprit de vitriol, quatre onces ; on mêle bien le tout ensemble, on en frotte les

dents avec un linge , et on se les lave avec
parties égales d'eau de Roses , et de plantain.

Les fleurs de Roses de Provins entrent dans
la composition de l'*eau odorante Germanique*,
qui est pénétrante , incisive , admirable pour
récréer les esprits vitaux , dissiper les maux
de tête , réjouir le cœur ; elle est encore très-
bonne contre le mauvais air , c'est même un
préservatif contre les vapeurs contagieuses.
Pour faire cette eau spiritueuse , on fait d'a-
bord infuser pendant huit jours , dans deux
pintes de vinaigre , deux poignées de fleurs de
lavande ; autant de *Roses de Provins* mondées,
de Roses sauvages et de fleurs de sureau ; pendant l'infusion , préparez une eau odorante
simple comme il suit : vous mettrez dans une
cucurbite de verre l'écorce de trois citrons ,
de marjolaine , du muguet , des fleurs de
lavande , de chacune deux poignées : vous
verserez sur le tout une chopine d'*eau de Rose*
double , et environ une pinte d'eau de fontaine : vous adaptez le chapiteau à la cucurbite
vous placez l'alambic dans un bain de sable ,
vous ajoutez un matras à son bec , et vous
laissez les choses dans cette disposition pendant deux jours ; après quoi vous mettez le
feu au fourneau , et vous distillez goutte à
goutte ; lorsque vous aurez retiré une pinte
de la liqueur, vous cesserez et réserverez cette
eau simple et odorante pour l'usage suivant.

prenez du serpolet, de la marjolaine, du basilic, du thym, de chacun une poignée; de
la fleur de lavande, des *Roses de Provins*,
du spicnard, de l'origan, de chacun trois
fortes pincées; de l'iris de Florence et de la
canelle, de chacun demie-once; cloux de
girofle, macis, storax, calamite, benjoin,
de chacun trois gros; labdanum, deux gros;
aspalath, une demie-once; aloës hépatique
ou sucotrin, demi-gros: mettez toutes ces
drogues hachées, pilées et écrasées dans une
cruche de grès; ajoutez infusions de vinaigre, la distillation d'eau odorante simple, et une pinte de vin muscat: remuez bien
le tout, et laissez en digestion pendant quinze
jours, après quoi, vous verserez l'infusion
dans une cucurbite de verre assez grande pour
laisser cinq ou six doigts de vuide; adaptez le
chapiteau, placez l'alambic monté et bien lutté
au bain de sable; luttez exactement le matras au bec du chapiteau, et commencez la
distillation, par un feu très-modéré d'abord;
augmentez-en la violence par dégrés: il
pourra se faire que le phlègme du vinaigre
sortira le premier; séparez-le alors comme
inutile; aussi-tôt que les esprits sortiront,
ce qu'il vous sera facile de connoître à leur
subtilité aromatique, adaptez à l'instant le
récipient au bec de l'alambic, et concentrez-
là la distillation, jusqu'à la mesure d'une

pinte et demie ; ou environ : séparez aussitôt cette eau comme la plus spiritueuse.

Les fleurs de Roses font encore partie de l'*Eau de senteur* et de l'*Eau des Dames* : le procédé de la première se prépare ainsi. Prenez marjolaine, thym, lavande, romarin, petit pouliot, *Roses rouges*, fleurs de violettes, œillets, sarriete, écorce d'oranges rouges : faites tremper le tout dans du vin blanc, jusqu'à ce que les matières se soient précipitées au fond du vin ; distillez deux ou trois fois dans un alambic, gardez l'eau dans des bouteilles bien bouchées, et le marc pour les parfums.

Quant à l'*Eau des Dames*, en voici le procédé. Prenez deux poignées et demie de *Roses rouges*, fleurs de romarin, de lavande, d'aspic, de chacun une poignée ; brins de thym, fleurs de camomille, de petite sauge, de pouliot, de marjolaine, de chacun une poignée ; faites tremper le tout dans du vin blanc, pendant vingt-quatre heures, mettez dans l'alambic ; arrosez-la de vin blanc, et répandez par-dessus la poudre suivante ; composée d'une once et demie de cloux de girofle choisis, une once de maniguette, benjoin, storax, calamite, de chacun deux gros : l'eau distillée doit être gardée dans un vaisseau bien bouché.

L'eau d'Ange, qui embaume par son odeur,

admet aussi les Roses dans sa préparation. Vous mettez pour cet effet, dans un grand alambic, les drogues suivantes : benjoin, quatre onces ; sental citrin, une once ; cloux de girofle, deux gros ; deux ou trois morceaux d'iris de Florence, la moitié d'une écorce de citron, deux noix muscades, canelle, demie-once ; deux pintes de bonne *eau de Roses*, une chopine d'eau de fleurs d'orange, une chopine d'eau de mélisse ; vous mettrez le tout dans un alambic bien scellé, et vous le distillerez au bain-marie : cette distillation est une eau d'Ange exquise.

L'eau divine et cordiale a aussi recours aux Roses, pour sa préparation. Pour la faire, vous prenez au commencement de mars, deux onces de chacune des racines de vrai acorus, de bétoine, d'iris de Florence, de souchet long, de gentiane, de scabieuse ; une once de canelle, et autant de sental citrin ; deux gros de macis, une once de baies de génièvre, six gros de coriandre : pilez ces drogues, et ajoutez-y les zestes de six beaux citrons et de six belles oranges de Portugal ; mettez le tout dans un grand vaisseau, avec dix pintes de bon esprit-de-vin ; remuez bien le tout, ensuite bouchez bien exactement le vaisseau, jusqu'à la saison des fleurs, et dans le tems que chaque fleur est dans sa force, mettez-y une demie-poignée de chacune des fleurs suivantes : violette, jacinthe, giroflée jaune, jonquille , *Roses rouges* , *Roses pâles* , *Roses blanches* et *musquées* ; œillet, oranges , jasmin, tubéreuses, romarin, sauge, thym, lavande, marjolaine, genêt, sureau, millepertuis, camomille, nicotiane, muguet, narcisse, chevrefeuille, bourache, buglosse; il faut trois saisons pour voir fleurir ces fleurs, le printems, l'été et l'automne, ce qui forme un tems considérable : chaque fois que vous mettrez une partie de ces fleurs, vous mêlerez le tout ensemble ; vous en userez ainsi, depuis la première jusqu'à la dernière, et trois jours après la dernière des fleurs, vous mettez le tout dans une cucurbite couverte de son chapiteau, bien lutté, mise dans un bain-marie, au feu tempéré ; rafraîchissez souvent ; vous en tirerez cinq pintes d'esprit d'excellente qualité, soit pour remède, qui est beaucoup plus efficace que l'eau de mélisse, soit pour l'odeur. Cette eau est une des meilleures.

L'eau de Chypre composée se prépare encore en partie avec des Roses. Prenez, pour la faire, huit pintes de vin au jasmin ; jettez-y une once d'iris concassé, une demie-once de graines d'angélique pilées, trois noix muscades aussi pilées ; six onces de *Roses muscades blanches*, pareillement pilées, deux gros de neroli, trente gouttes d'ambre ; à défaut de *Roses*, substituez une chopine d'*eau de Roses musquées*, et à son défaut d'eau de Roses ordinaire ; mettez-la dans un alambic, distillez au bain-marie et au petit filet, ayant sur-tout attentionde mettre le récipient dans de l'eau fraiche, pour que les esprits se refroidissent plus vîte, et pour la conservation du parfum.

On employe encore les Roses dans l''eau de millefleurs odorante, spiritueuse et composée. Pour procéder à sa confection, vous mettez dans un grand vaisseau dix pintes de bon espritt-de-vin, ensuite vous y ajoutez les fleurs suivantes, chacune selon leur saison ; violette épluchée, jacinthe sans verdure, petite giroflée jaune épluchée, de chaque une demie-livre, quatre onces de jonquille simple, et autant de double, une demie-livre de muguet sans verdure, autant de jasmin d'Espagne, une once de fleurs de romarin, deux onces de fleurs de sureau, quatre onces de *Roses des bois* pilées, autant de *Roses pâles* aussi pilées, pareille quantité de *Roses blanches* aussi pilées, six onces de fleurs d'orange, une demie-livre d'œillets à ratafias épluchés, autant de syringa sans vert, autant de tubéreuse et de menthe, feuilles et fleurs de cette dernière, soixante gouttes de quintescence d'ambre ; vous ne mettrez l'ambre que lorsque vous voudrez faire votre distillation, c'est-à-dire, trois jours après la derniere fleur ; vous mettez le tout dans une cucurbite, vous lui adaptez et luttez exactement son chapiteau ; distillez au bain-marie et à feu tempéré ; luttez pareillement le récipient, mettez-le dans un bain d'eau froide, pour la conservation et la bonté des esprits. Quand on aura tiré sept pintes, changez de récipient, mettez-y en un autre, tirez-en encore une pinte, mais qu'inférieure en qualité, elle trouvera toujours sa place : c'est là ce qu'on appelle la véritable eau de millefleurs.

La Rose est encore d'une grande utilité pour se procurer l'eau de la fontaine de Jouvence. Vous prenez pour cet effet une once de soufre vif, deux onces d'oliban et de myrrhe, six gros d'ambre, une livre d'*eau de roses* ; vous faites distiller le tout au bain-marie, et vous vous lavez avec cette eau, le soir, avant de vous coucher ; le lendemain matin, lavez-vous avec la seconde eau d'orge, c'est là le moyen de faire paroître le visage rajeûni.

On fait entrer les Roses dans une eau qu'on dit très-bonne pour les gencives. On prend à cet effet, canelle fine, une once ; girofle, trois gros ; l'écorce de deux limons ; *Roses rouges*, une demie-once ; cresson de fontaine une demie-livre ; cochléaria quatre on-

ces ; esprit-de-vin rectifié, trois demi-septiers : pilez ce qui doit l'être ; laissez digérer
pendant vingt-quatre heures, dans un ballon
de verre ; ensuite distillez au bain-marie.

L'esprit ardent de Roses a une odeur des
plus ravissante : si on verse deux gouttes de
cet esprit dans un verre d'eau commune, elles
la parfument au point de la prendre elle-
même pour la meilleure eau de Rose : nous
croyons ne pouvoir mieux faire que d'en
donner ici la préparation.

On prend pour cet effet quarante livres de
Roses pâles ; on les réduit en pâte, en les pilant dans un mortier de marbre ; on met
cette pâte couche sur couche, avec du sel
marin, dans une très-grande cruche de grès,
ou dans deux, si une ne suffit pas, c'est-à-
dire, qu'on saupoudrera chaque couche de
pâte de Roses, d'un bon demi-doigt ou environ, de sel commun ; on pressera les couches
les unes sur les autres, le plus qu'il sera possible ; on bouche la cruche avec un bouchon
de liège trempé dans de la cire jaune fondue ;
on recouvre encore le bouchon avec d'autre
cire ; on porte ensuite la cruche à la cave,
ou dans un lieu froid ; on l'y laisse pendant
six semaines ou deux mois : après ce tems,
on débouche la cruche ; si elle exhale une
odeur forte et vineuse, la fermentation est à
son point : si cette odeur ne se fait pas en-

core sentir, on jette dans la cruche un peu
de levure de bierre, on rebouche ensuite la
cruche avec la plus grande exactitude, pour
que l'air n'y pénêtre pas : quand enfin la fermentation sera fortement excitée, on prend
huit ou dix livres de la pâte de Roses fermentée ; on la met dans la cucurbite ordinaire,
on lui adapte son réfrigérent, on distille au
bain-marie et à très-petit feu ; quand on aura extrait le plus de liqueur qu'il sera possible, on démonte l'alambic ; on jette comme superflu ce qui reste dans la cucurbite. On
prend encore huit ou dix livres de la pâte de
Roses fermentée ; on la met comme la première, dans l'alambic ; on y ajoute l'esprit
qu'on aura tiré de la première distillation ,
et on distille au filet médiocre : l'alambic ne
fournissant plus rien, on le démonte, on
vuide la cucurbite, on la remplit de nouveau
de pâte fermentée, et on l'arrose de tout l'esprit qu'auront produit les distillations précédentes ; on répète ces opérations jusqu'à ce
qu'il ne reste plus rien de la pâte fermentée :
chaque fois qu'on débouchera la cruche, on
la rebouchera exactement, sans quoi, tout
ce qu'elle contient de plus spiritueux s'éva-
poreroit ; après la dernière distillation, on
aura une liqueur très-odorante, mais médio-
crement spiritueuse, parce qu'elle se trouvera mêlée avec beaucoup de phlègme ; il

faudra donc la rectifier : on choisira pour cet effet un matras à très-long cou, et d'une capacité raisonnable ; on y versera une partie de l'*esprit de Roses* non rectifié ; on adaptera au col du matras un petit chapiteau de verre, et au bec du chapiteau, un autre matras, pour servir de récipient ; on a grand soin de bien lutter toutes les jointures : on place le tout ainsi disposé au bain de vapeurs, et on distille à feu très-lent ; quand on 'aura retiré la dixième partie de ce qu'on aura mis dans le matras, on laisse refroidir les vaisseaux, et on réserve à part ce qui se trouve dans le récipient ; ce qui restera dans le matras, qui sert de cucurbite, ne doit pas être jetté comme inutile ; c'est une eau de Roses beaucoup meilleure que celle que l'on prépare de la manière ordinaire, dont il sera parlé ci-après.

Après la première rectification d'une partie de l'esprit non rectifié, on verse dans un matras à long col ce qui en reste, ou en partie, ou en totalité, jusqu'à ce qu'enfin il n'en reste plus à rectifier ; on verse pour lors tous les esprits dans le matras à long col, et on les rectifie encore une fois tous ensemble : après cette dernière opération, on aura un esprit de Rose très-pénétrant et inflammable ; on ajoute la partie phlegmatique qui restera dans le matras, à celle qu'on aura réservé des rectifications

tifications précédentes, et on le portera dans un bocal à la cave.

On se sert encore des Roses, pour en tirer une huile propre a netoyer la peau ; on prend à cet effet une pinte de crême, on jette dedans des fleurs de nénuphar, de lys, de fèves, de Roses ; on fait bouillir le tout au bain marie ; il en sort une huile qu'on conserve dans une phiole, et qu'on exposera au serein pendant quelque tems.

Si on veut se procurer des oiselets odorans, il faut encore recourir à la Rose ; on pilera et on passera au tamis une livre du marc d'eau d'orange, on y ajoutera une poignée de pétales de *Roses* nouvellement cueillies et une cueillerée de gomme adragante, détrempée avec de l'eau de *Roses* ; on pilera le tout ensemble assez long tems, pour bien former la pâte ; on l'applatira avec un rouleau, et on la coupera avec un couteau, par tablettes, ou bien on en prendra des morceaux, qu'on roulera bien dans les mains, longs comme le doigt, auxquels on fera un boutun peu large, pour les faire tenir droites, et on les mettra sécher ; ces sortes de pastilles s'allument comme une chandelle, brûlent jusqu'à la fin, sans s'éteindre, et produisent une fumée de très-bonne odeur.

Des pastilles très-odorantes et dont on peut s e servir pour faire des fumigations agréables, sont des pastilles de *Roses* ; on les prépare ainsi que les oiselets dont nous avons parlé plus haut ; au lieu de les mettre en rouleau, on les laisse simplement en tablettes , et pour les embellir , on y applique une feuille d'or ou d'argent.

·Les *Roses* servent encore en partie a faire une pâte pour les mains ; on pile une livre d'amandes, avec une once de santal citrin ; et d'iris ; deux onces de calamus aromatique : on verse dessus deux onces d'*eau de Roses* ; on ajoute une pomme de reinette coupée en petits morceaux, un quarteron de mie de pain blanc, bien séchée et passée ; on pétrit le tout avec deux onces de gomme adragante dissoute dans de l'*eau de Roses* : on réserve cette pâte pour l'usage , ou bien :

On pile dans un mortier de marbre des pommes de court-pandu , dont on aura ôté la peau ; on les arrose avec *eau de Roses* et vin blanc ; on ajoute de la mie de pain , des amandes broyées, et un peu de savon blanc ; on fait cuire le tout à feu lent , et on s'en sert au besoin.

Une pommade rouge très-vantée pour les lèvres, se fait encore avec les Roses : on prend sain-doux lavé dans de l'*eau de Roses* , une livre ; *Roses rouges* et *Roses pâles* pilées, une demie-livre : on mêle et on laisse reposer pendant deux jours ; on fait fondre le sain-doux et on passe ; on ajoute encore autant de *Roses*, et on les laisse se flétrir dans la graisse, pendant deux jours ; on fait cuire ensuite doucement au bain-marie, on exprime et on conserve pour l'usage.

On se sert encore des Roses pour faire une pommade propre à conserver, nourrir et blanchir le teint. On prend cinq ou six douzaines de pieds de moutons, on ôte toute la chair, et on casse les os qu'on met dans de l'*eau de Roses* pendant environ un quart-d'heure dans un pot neuf vernissé ; on passe la liqueur par un linge, et il y aura une demie-livre d'*eau de Roses* ; on laisse refroidir la colature, et lorsqu'elle sera froide, on lève la graisse de dessus l'eau, avec une cueiller ; on la lave ensuite cinq ou six fois avec de l'*eau de Roses*, et on la pile dans un mortier de marbre, jusqu'à ce qu'elle soit parfaitement blanche ; alors on l'incorpore avec une troisième partie de son poids d'huile des quatre semences froides, tirée sans feu ; le tout étant bien mêlé ensemble, on met cette pommade dans un pot bien propre et net, et on verse dessus quelqu'eau odoriférante, même de l'eau de Roses, et on la change souvent.

On fait encore entrer de l'*eau de Roses* dans une pommade propre à faire croître et revenir les cheveux. On coupe en conséquence par morceaux une quantité raisonnable de pannes de porc, qu'on fait tremper pendant huit ou dix jours dans de l'eau commune, qu'on aura la précaution de changer deux fois par jour, et à l'instant du changement, on la battra avec une spatule, pour qu'elle devienne blanche ; après quoi on la mettra dans un pot de terre neuf, avec une chopine d'*eau de Roses* et un citron piqué de cloux de girofle, après l'avoir laissé égouter ; ensuite on la laisse refroidir, en la battant toujours dans de l'eau fraiche, et pour la dernière fois dans celle de *Roses* ; lorsqu'elle sera bien égoutée, on la parfumera à l'odeur de violette et de tubéreuse, ou de fleur d'orange, ou de jasmin, ou de jonquille, etc.

Les Roses figurent encore très-bien dans les pots-pourris ; une livre de fleurs d'orange récemment cueillies, une demie-livre de Roses communes, une demie-livre de lavande, dont il ne faut que la graine ; huit onces de *Roses muscades*, quatre onces de marjolaine dont il ne faut que la feuille ; quatre onces de feuilles d'œillet, trois de thym, deux de feuilles de myrte, deux de mélilot effeuillé, une de feuilles de romarin, une de cloux de girofle concassés, et une demie de feuilles de laurier : toutes ces drogues mises dans un pot bouché de parchemin, exposé au soleil pendant la chaleur de l'été, remuées avec un bâton, de deux jours l'un, pendant un mois, toujours à l'abri de la pluie, produiront une excellente composition à la fin de l'été, dont on pourra faire des sachets, en y ajoutant pour la perfectionner, de la poudre de Chypre, parfumée, mêlée avec de la grosse poudre de violettes.

Un autre pot pourri à sec est le suivant; il est composé de Roses et d'autres plantes odoriférantes. Prenez, par exemple, fleurs d'orange, une livre; Roses communes dont on a ôté le pédicule qui est jaune, une livre; œillets rouges, dont on a aussi ôté le petit bout de chaque feuille qui est blanc, une demie-livre; marjolaine et myrte épluchés, de chaque demie-livre; *Roses muscades*, thym, lavande, romarin, sauge, camomille, mélilot, hyssope, basilic, baume, de chaque deux onces; laurier, quinze ou vingt feuilles; jasmin, deux ou trois poignées; autant de petites oranges; sel, une demie-livre; mettez le tout dans un vase, et laissez pendant un mois; ayant soin de le remuer deux fois par jour, avec une spatule ou cueiller de bois.

Au bout d'un mois, ajoutez iris en poudre, douze onces; macis, storax, calamus, poudre de Chypre, de chacun, une once; santal citrin et souchet, de chaque six gros: mêlez bien le tout comme ci-dessus, et vous aurez un pot-pourri d'une odeur très-agréable.

Une poudre rouge très-vantée pour les dents, et dans laquelle il entre des Roses, est la suivante. Prenez de le sauge et des fleurs de *Roses rouges*, de chaque deux pincées ; des racines d'iris, une demie-once ; du bois de gayac, du mastic, trois gros ; de la myrrhe et de la canelle, de chacun un gros ; de la pierre ponce préparée et du corail rouge bien pulvérisé, de chacun six gros ; du santal rouge une demie-once : mêlez et mettez le tout en poudre ; si vous voulez en faire un opiat, il faut y ajouter un peu de miel, ou de syrop de *Roses rouges*.

Chez les parfumeurs, on prépare une poudre, qu'on nomme *grosse poudre de violette*, avec laquelle on remplit les sachets à senteur, et dans laquelle il entre des Roses. Concassez en particulier les drogues suivantes, qui doivent y entrer, avant de les mêler ensemble ; ces drogues sont : huit onces de fleurs d'orange sèches, quatre onces d'écorce de citron sèche, quatre de bois de santal citrin, quatre de *Roses muscades*, quatre de benjoin, trois de lavande, deux de bois de Rose, deux de calamus, deux de souchet, deux de storax, une de marjolaine, une demie de cloux de girofle, enfin deux livres d'iris de Florence et une livre de *Roses de Provins* : cela fait, si vous voulez en remplir des sachets, vous pilerez un gros de musc, un demi de civette, un peu de gomme adragante détrempée avec de l'eau d'ange, et après avoir ajouté un peu d'eau de senteur à tout cela, avant d'en remplir les sachets, vous employerez cette composition à en frotter le dedans.

Il entre encore des *Roses* dans la poudre de Chypre, et dans la poudre parfumée : la première se prépare ainsi : prenez de la mousse de chêne, lavez-la et faites-la sécher ; vous l'arroserez ensuite d'eau de fleur d'orange et de *Roses*, et vous l'étendrez sur une claie : faites-la sécher de nouveau et mettez par-dessous une cassolette dans laquelle vous ferez brûler du storax et du benjoin : recommencez cette opération jusqu'à ce que la mousse soit parfumée ; réduisez en poudre, et sur une livre, vous mettrez deux gros de bon musc et autant de civette.

Quant à la poudre parfumée, la préparation en est fort facile : on prend à cet effet deux onces de benjoin ; une livre de *Roses* sèches, une once de storax, une once et demie de santal citrin, deux gros de cloux de girofle, un peu d'écorce de citron ; pilez dans un mortier, et ajoutez vingt livres d'amidon en poudre ; passez par un tamis fin, et colorez cette poudre comme il vous plaira.

Les Roses ont encore leur utilité pour préparer une huile avec laquelle on peut se rougir et se farder. On prend dix livres d'amandes douces, une once de santal rouge en poudre, et une once de cloux de girofle; on verse dessus quatre onces de vin blanc et trois onces d'eau de Rose; on remue bien tous les jours; au bout de huit à neuf jours, on presse cette pâte de la même manière qu'il se pratique pour tirer l'huile d'amandes douces.

Si l'on veut donner une bonne odeur au linge, on se sert encore des Roses pour en faire des sachets odoriférans; on prend à cet effet des *Roses* desséchées à l'ombre; cloux de girofle concassés, fleurs de muscades; on mêle le tout ensemble, et l'on en remplit des sachets.

Enfin, dans tous les différens sachets odoriférans qu'on fait, les Roses y tiennent un des premiers rangs parmi les feuilles, les fleurs, les fruits, les écorces, les racines, les bois, les gommes qu'on y destine.

Des savonetes d'une odeur agréable, et qu'on ne peut assez recommander pour la propreté, admettent encore les Roses dans leur composition. On prend du bon savon blanc, une demie-livre; on le racle avec un couteau, on prend en même tems deux onces et demie d'iris de Florence, six gros de calamus aromatique et de fleurs de sureau, une demie-once de Roses sèches et de girofle, un gros de coriande, de lavande et de feuilles de laurier, trois gros de storax; on met le tout en

poudre fine, et on en fait une pâte avec du
savon raclé ; on y ajoute quelques grains de
musc ou d'ambre gris ; on en fait des savonetes en y joignant un peu d'huile d'amandes douces pour amollir la pâte et la rendre
plus adoucissante.

On connoit dans les toilettes des dames
l'eau cosmétique de myrrhe de Duclos ; elle
est propre pour nettoyer et blanchir le visage, pour effacer les taches et remplir les
cavités ; les Roses figurent encore dans cette
eau ; on prend pour son procédé du lait de
chêvre nouvellement trait, quatre livres ; du
vin d'Espagne, trois chopines ; du suc de
grande joubarbe, une livre et demie ; des
eaux de nénuphar et de *Roses blanches*, de
chacune une livre ; douze blancs d'œufs : on
en fait la distillation au bain-marie : sur deux
livres de cette eau, on met deux onces de
myrrhe bien pulvérisée ; on la laisse infuser
pendant vingt-quatre heures, on distille de
nouveau au bain-marie, et dans une demie-
livre de cette dernière eau, on dissout deux
gros de sucre candi, un gros de borax et un
scrupule d'alun ; on fait du tout une mixtion
selon l'art.

Une autre eau cosmétique très-vantée pour
blanchir et donner de l'éclat au visage, est
la suivante, dans laquelle on fait aussi entrer
les Roses, ou du moins leur eau : elle se pré-

pare ainsi : prenez deux livres de vin d'Espagne, deux livres de petit lait, une livre de
jus de limon, une livre de suc de joubarbe,
une livre de suc de pommes odorantes, une
demie-livre d'eau de Roses, une demie-livre
d'eau de nénuphar, six onces de myrrhe bien
choisie et pulvérisée, trois pigonneaux vuidés
et coupés par morceaux, le blanc de deux
œufs frais ; on mêle le tout ensemble, et on
distille au bain-marie, dans un alambic de
verre.

Pour parvenir a conserver aux Roses leur
fraicheur, on choisit du sable le plus fin, on
le passe dans un crible assez large pour n'en
separer que les parties grossières, et ensuite
à travers un tamis de soie, plus serré ; on le
pile après dans de l'eau et on le lave, jusqu'à
ce que l'eau qu'on employe, soit nette ; on
relave ensuite toutes les parties terreuses et
argilleuses qu'il pourroit contenir, on fait
ensuite sécher ce sable au soleil, on choisit
parmi les fleurs de Rose les plus belles qu'on
peut conserver, on les met dans des boîtes de
carton ou de fer-blanc, assez évasées pour
qu'on puisse arranger les fleurs avec la main,
et assez hautes pour pouvoir surpasser les
fleurs de quelques pouces ; on les remplit de
sable jusqu'à la hauteur de la fleur et tout autour des pétales, ensorte qu'ils ne soient point
derangés de leur position naturelle, que la

surface concave soit bien remplie de sable et que la convexe en soit couverte, sans y laisser aucun vuide, on met au-dessus de la fleur une couche de cinq à six lignes, on couvre enfin le tout d'un papier percé de petits trous, et on expose ces boîtes à l'ardeur du soleil pendant l'été, ou dans une étuve, ou dans un four, dont on aura retiré le pain; au bout de trois ou quatre jours de soleil, on retire les fleurs, et on les trouve bien déssechées, conservant encore presque tout l'éclat de leurs couleurs naturelles; dans cette opération, il suit que pour bien réussir on doit observer trois choses principales: 1.º Choisir et préparer le sable. 2.º Entretenir un degré de chaleur égal et soutenu le plus que l'on peut. 3.º Enfin arranger les fleurs dans les boîtes dans la forme la plus naturelle.

Nous finirons ce chapitre par quelques observations sur l'odeur et sur la couleur des Roses: on a été long tems incertain sur leur cause, mais depuis peu on est persuadé que l'air, la chaleur et le fluide électrique y jouent les premiers rôles; l'air est un agent universel qui, non-seulement met en action, ses vertus propres, mais qui excite les qualités et les facultés des autres corps, en divisant, broyant, agitant leurs plus petites, qu'il oblige a s'exhaler, a devenir volatiles et actives; ce fluide invisible conséquemment est indis-

pensable pour repandre les émanations odorantes , qui sans lui resteroient ensevelies
dans le sein des fleurs ; celles-ci, en suivent
fidelement toutes les variations, elles périssent
faute d'air, elles languissent, quand elles en
ont peu ; elles s'engourdissent, quand il se
resserre ; elles se raniment quànd il redevient
agissant.

La chaleur est encore plus utile, elle est
la cause principale de l'odeur dans les plantes ;
elle développe le germe inodore de la Rose ;
la plus grande partie de ses pétales, blancs
dans le principe, acquièrent par l'effet de la
chaleur, leur pourpre et leur odeur exquise ;
cependant la Rose perd toute son odeur dans
les serres, malgré la chaleur qu'on y entretient, à près de vingt-cinq degrés, ce qui
en est cause, c'est que l'air s'y trouve suffoqué et n'est pas assez libre.

L'odeur de la Rose dépend aussi beacoup
du contact des rayons lumineux ; et en effet,
les plantes qui sont exposées à l'action de la
lumiere exhalent le plus d'air phlogistiqué,
ou gaz oxigené ; ne rendent à l'ombre
qu'un air méphitique, connu actuellement
en chimie , sous le nom de *nitrogene*.

Le contact des rayons lumineux n'est pas
seulement nécessaire pour le devéloppement
du principe colorant ; la couleur et la saveur
en dépendent aussi ; une Rose, dont les pétales

seroient naturellement très - foncés, devien-
droient blancs ; si l'on parvenoit, à force
de soin a la faire éclorre dans une cave, ou
dans une serre entièrement fermée, on appelle étiolement , la maladie des plantes qui résulte de la privation du contact de la lumiere.
Il est de fait que les pays chauds semblent
être la patrie des parfums, sous le ciel brû-
lant de l'Amérique, les végétaux sont en
général plus odorans , plus stupides et plus
résineux ; c'est aussi des climats excessifs en
chaleur que l'on tiré les drogues, les parfums,
les poisons et toutes les plantes dont les
qualités sont excessives.

L'expérience nous apprend en outre que les
fleurs électrisées exhalent plus promptement
leur odeur naturelle, que celles qui ne le sont
pas ; et en effet, le charme que l'on éprouve
vers la fin du printemps , en parcourant la
campagne , après une *ondée orageuse* n'est
donc pas une entière illusion, les buissons de
Roses, d'aubepine et toutes les autres fleurs
sont plus odorantes, l'air est impregné de leurs
émanations balsamiques et toutes la nature
semble sourire aux yeux de ses admirateurs ;
la matière électrique dont l'air est impregné
dans le tems des orages, se trouve absorbée par
les plantes ; cette matière a même plus de force et d'activité , concentrée en quelque manière dans les vapeurs, dont l'air est plus chargé ,

dans les tems humides, que pendant la séche-
resse, ou elle se trouve extrêmement divisée
et attenuée.

CHAPITRE IX.

Des propriétés alimentaires des Roses pour l'Homme.

LES calices de la Rose sont astringens; on s'en
sert comme alimens avec la viande; la pulpe de
ce fruit cuite avec du sucre et réduite en gelée
épaissie est rafraîchissante, excite l'appétit,
sur-tout si on la délaye avec un peu de vin. Les
fruits de l'églantier, quand ils sont mûrs,
sont assez bons à manger. En Suède, on les
employe dans les ragoûts, de même que leurs
eaux distillées : les pauvres en font du pain.

L'eau simple de Roses distillées s'employe
dans les offices et dans quelques pâtisseries ;
on fait de l'excellente liqueur avec des Roses;
nous en allons rapporter les procédés, de
même que ceux usités pour faire de l'eau de
Roses.

Pour y parvenir, on choisit vingt-deux
livres de Roses pâles les plus odorantes,
d'une belle couleur vive, fraichement cueillies, avant le lever du soleil ; on les jette
dans un mortier de marbre, on les réduit en
pâte, qu'on verse ensuite dans un vaisseau de

grès, ou de terre non vernissé ; après cette opération, on fait fondre une livre de sel marin dans cinq pintes d'eau de rivière, puis on délaye cette pâte avec l'eau salée, et on laisse en digestion jusqu'à ce que le liquide se soit échauffé à un degré au-dessus de celui de l'atmosphère ; on verse pour lors le tout dans un gros linge, on exprime fortement sous la presse, on verse la liqueur dans une cucurbite ; on délaye encore le marc dans cinq pintes d'eau tiède, et on entretient ce liquide pendant quatre ou cinq heures dans le même dégré de tiédeur, puis on laisse refroidir ; on exprime comme il a été dit, et on verse cette seconde teinture dans la même cucurbite, qu'on place ensuite sur le fourneau ; on la couvre d'un chapiteau armé de son réfrigérent, on ajoute le serpentin avec le récipient ; on lutte les jointures, puis on échauffe, et on fait distiller jusqu'à ce qu'on ait obtenu quatre pintes de liqueur ; on change de récipient, et on continue la distillation jusqu'à ce que la liqueur qui en découle ne donne plus d'ôdeur ; l'on met ce dernier produit en reserve, pour n'en faire usage que dans une seconde opération ; puis on fait dissoudre quatre gouttes d'huile essentielle de cédra, et quatre ou cinq gouttes d'essence éthérée, dans un poisson d'esprit-de-vin rectifié, qu'on verse dans le vaisseau qui contient le premier produit; on agite fortement, et par ce moyen, on a une excellente eau de Roses qu'on met en reserve, et dont on ne fait usage que six mois après.

La liqueur qu'on nomme belle - de - nuit se prépare en partie avec de l'eau de Roses. On prend les zestes de deux limons, ou trente gouttes de quintessence de ce fruit, une belle muscade, une demie-once de racines d'angélique, autant de chervis; on pile les graines et la muscade; on distille le tout sur un feu ordinaire, avec quatre pintes d'eau-de-vie et une chopine d'eau; on tire les esprits, on les verse ensuite dans un syrop composé de quatre livres de sucre et de deux pintes et demie d'eau de Roses, que l'on fait chauffer pour fondre le sucre, parce que la quintessence de la noix muscade blanchiroit la liqueur sans cette précaution; on passe ensuite ce mêlange à la chausse, et la liqueur se trouve faite; on observe toujours de mettre sur le total de la recette une demi - livre de cassonade, pour graisser la chausse, afin de mieux clarifier la liqueur; on pourra aussi, avant de passer la liqueur à la chausse, la colorer en violet pourpre avec le tournesol en pain, qu'on pulvérise, et qu'on fait ensuite bouillir dans de l'eau; ayant bien agité ce mêlange, on le verse doucement dans la liqueur, avant de la passer à la chausse, et on aura soin de diminuer ñuer sur le syrop la quantité d'eau qu'on aura employée pour préparer la teinture.

L'eau couronnée se prépare aussi en partie avec les Roses. On met dans huit pintes d'eau-de-vie une demie-livre de violettes épluchées, deux onces de racines d'iris, une demie-livre de jonquilles doubles, quatre onces de fleurs d'orange, quatre onces de Roses musquées blanches, six onces de tubéreuses, deux gros de macis, un gros de cloux de girofle, deux onces de quintessence de bergamotte, et autant de quintessence d'oranges de Portugal ; toutes le fleurs doivent être cueillies dans leur saison, en observant de mettre ensemble la violette, l'iris, le macis et le cloux de girofle dans la liqueur, et ensuite les autres fleurs, chacune dans leur saison, et de n'y ajouter les quintessences qu'après y avoir mis la tubéreuse, qui est la dernière fleur qui paroit ; toutes les fois qu'on mettra une de ces fleurs, on remuera le tout, et on bouchera très-exactement le vaisseau : huit jours après que la derniere plante y aura été mise, on transvasera dans une cucurbite, on la couvrira de son chapiteau lutté exactement, et on distillera au bain-marie ; on aura soin de rafraichir souvent ; on adaptera et luttera le récipient, pour la conservation de sa forcè et de son parfum ; on retirera de cette opéra-tion quatre pintes de bon esprit ; on pourra l'employer pour de la liqueur, en y ajoutant un syrop.

On n'employe pas moins les Roses pour l'eau d'Adonis. On prend une livre de Roses muscades blanches pilées, trois quarterons de fleurs d'orange, une demi-livre de jasmin, une demie-livre d'œillets à ratafias, de la première sêve, épluchés; trois gros de girofle pilé, une once de canelle fine pilée, six onces de quintessence de limon, quatre gouttes d'ambre; on met le tout dans une cucurbite, avec huit pintes de bon esprit - de - vin ; on la couvre de son chapiteau, on la lutte bien, de même que son récipient, qui doit être mis dans un bain froid; on distille au bain-marie, et on en tire six pintes d'eau excellente, avec laquelle on peut faire de la liqueur dé-. licieuse, en ajoutant du syrop.

Une plante qui entre dans l'eau de bou-quet, est encore la Rose. Pour avoir envi-ron cinq pintes de cette eau, on met dans l'alambic quatre gros de neroli, ou quatre onces de fleurs d'orange ; une demie - livre de jasmin d'Espagne, quatre bottes d'œillets à ratafia, deux onces de pétales de *Roses rou-ges* communes, ou un gros de quintessence de Roses ; quatre onces de jonquilles, et sept pintes d'eau-de-vie ; on distille au bain de sable, ou au bain-marie à petit feu, sur-tout jusqu'à ce qu'on ait retiré le quart des esprits.

Si on veut la rectifier, on ne mettra les fleurs ou quintessences qu'à la rectification des esprits, et on n'en tirera qu'environ trois pintes et demie : on observera qu'il faut piler toutes les fleurs désignées dans la recette, avant de distiller : cette eau peut également servir sur la table et dans les toilettes.

Pour avoir une eau de Rose superfine, on procédera de la manière suivante. Prenez un sac de *Roses blanches muscades*, et autant de *Roses rouges*, pilez-en les trois quarts, et les laissez en fermentation pendant quatre ou cinq heures ; ensuite mettez-les dans un linge, sous la presse, pour en tirer le suc ; pilez l'autre quart, mesurez votre suc, et humectez-en vos Roses dans le mortier ; mettez le suc et le quart de Roses pilées dans l'alambic, couvert de son chapiteau bien lutté ; distillez au bain-marie, sur un feu un peu fort, pour accélérer l'opération, de façon néanmoins que l'eau ne coule que goutte à goutte, et non au fort filet, car elle monteroit et rendroit l'opération inutile ; le feu étant bien règlé, vous tirerez seulement la moitié de la quantité de suc que vous aurez mis, c'est-à-dire, que huit pintes de suc vous donneront quatre pintes d'eau de Rose superfine.

Une eau très-vantée est celle à laquelle on a donné le surnom de vigoureuse, cette eau est d'une force supérieure : pour y procéder, on a encore recours aux Roses. On prend une livre de petites Roses des bois pilées, une livre de tubéreuses, une demie-livre de fleurs et de sommités de romarin, six onces de racines d'angélique, quatre onces de graines de carottes pilées, six onces de quintessence de bergamotte, deux onces de cloux de girofle pilés; on met le tout en digestion pendant huit jours, avec dix pintes d'esprit-de-vin à l'épreuve du coton; on remue bien le tout, et on le bouche exactement; après huit jours de digestion à froid, on le met dans la cucurbite couverte de son chapiteau bien lutté; on distillera au bain-marie, le récipient étant dans un bain froid; on rafraichit souvent; on en tire six pintes d'esprit excellent et d'une force superieure: c'est là la vraie eau vigoureuse.

L'huile de Cythère est une liqueur dans laquelle domine la canelle, mais qui renferme encore des Roses: en voici la recette. Mêlez cinq pintes de syrop et deux verres d'eau de *Roses*, avec cinq pintes d'esprit de canelle; ajoutez à cé mélange une pinte de scubac, six gouttes d'essence de cédra, six gouttes d'essence de girofle, six gouttes d'essence de citron, deux gouttes d'essence de bergamotte: remuez bien le mélange, clarifiez-le au blanc d'œuf, placez-le au bain-marie, pendant six heures, filtrez ensuite selon l'art. L'huile de

Cythère l'emporte de beaucoup sur l'eau de canelle; prise en petite dose, elle est cordiale et stomacale.

Le rossolis de Turin admet encore les Roses dans sa composition. Vous prenez quatre onces de *Roses musquées*, autant de fleurs d'orange et autant de jasmin ; ajoutez-y une demie-once de canelle, un demi-gros de cloux de girofle, quatre pintes et une chopine d'eau dans l'alambic ; vous distillerez à l'eau simple sur un feu un peu vif, et vous tirerez trois pintes et demi-septier ; faites fondre dans cette eau distillée trois livres de sucre ; après quoi mettez dans le syrop quatre pintes d'eau-de-vie ou d'esprit-de-vin ; colorez ensuite la liqueur en rouge cramoisi, avec trois gros de cochenille, un demi-gros d'alun de roche, que vous pulvériserez ensemble, et que vous dissoudrez dans trois poissons d'eau bouillante, pour incorporer à la liqueur ; quand elle sera ainsi colorée, passez-la par la chausse, et elle sera faite.

Une autre préparation de Roses, c'est la liqueur anodine. On met sept ou huit onces de sucre blanc dans un vaisseau, sur lequel on verse un demi-septier d'eau de Rose, et un demi-poisson de suc acide de verjus : lorsque ces deux substances sont bien incorporées avec le sucre, on les mêle avec trois demi-septiers d'eau de rivière bien limpide ; on agite le mêlange avec une cuiller de bois, après quoi l'on fait dissoudre deux gouttes d'essence d'ambre et une goutte d'huile essentielle de cédra, dans un poisson d'eau-de-vie rectifiée, que l'on verse ensuite dans la liqueur; on agite fortement ce mêlange, on le verse dans un vaisseau qu'on tient bien bouché, pour s'en servir dans le besoin.

On fait encore avec les Roses un sorbet qu'on nomme sorbet de Roses. On pile à cet effet un gros de cochenille, on le fait infuser pendant vingt-quatre heures dans un demi-septier de suc de verjus; on tient le vaisseau bien bouché, et on y agite le liquide de trois heures en trois heures; on prépare de la gomme adragante la plus blanche, à la dose d'un scrupule, qu'on met dans un mortier de marbre, et qu'on pile, en observant d'arroser de tems à autre avec un peu d'eau simple; on continue de piler, jusqu'à ce que cette gomme soit bien fondue, et qu'elle forme une espèce de mucilage épais qu'on laisse dans le mortier; on jette vingt-deux onces de sucre blanc dans trois demi-septiers d'eau de rivière, et lorsque ce sucre est bien fondu, on y verse la teinture de cochenille, qu'on laisse encore infuser pendant deux heures; on passe le liquide au travers de la chausse de drap, on y ajoute encore un poisson d'*eau de Roses*; on agite fortement ce mêlange, on le met à part dans un lieu frais, jusqu'à ce qu'on veuille le soumettre à la congelation. Nous ne parlerons pas ici des pastilles d'eau de Rose, tout le monde en sait la composition ; d'ailleurs elles se font de même que toutes les pastilles, dont personne n'ignore le procédé.

CHAPITRE X.

Des propriétés des Roses pour les bestiaux.

LES vaches, les chèvres, les moutons et les cochons mangent les feuilles du Rosier, entr'autres de celui de chien et du Rosier très-épineux, mais les chevaux n'en veulent point.

On employe les fleurs de Rose dans l'art vétérinaire, et c'est pour l'ordinaire en décoction à la dose d'une poignée dans une livre et demie d'eau.

L'abeille forme son miel parfumé du suc élaboré de toutes les fleurs ; il n'est pas douteux qu'elle n'en tire des fleurs de Roses.

CHAPITRE XI.

Des propriétés médicinales des Roses.

CHAQUE espèce de Roses a des propriétés particulières, mais nous ne les connoissons pas toutes ; il n'y en a même qu'un très-petit nombre dont les vertus puissent être assurées. La première espèce de Roses dont on fait usage dans les boutiques est la Rose pâle ou incarnate, qui est la quatrième de la seconde division des variétés de Guillemeau, et la douzième espèce de Murray : ses fleurs entrent pour l'ordinaire dans la composition de l'eau des neuf infusions qu'on a coutume de prescrire, à la dose de deux onces dans les potions purgatives ; on fait aussi avec ces fleurs l'eau de Roses distillée ; on se sert pareillement des fleurs de Roses blanches simples pour le même usage.

L'eau de Roses convient dans les maladies des yeux, on en fait des collyres en l'associant avec de l'eau de plantain, et celle d'euphraise, pour l'inflammation de ces parties ; elle est très-bien indiquée pour les cours de ventre, les crachemens de sang et les hémorrhagies ; on la prescrit intérieurement depuis une once jusqu'à six ; elle est aussi très-propre pour arrêter les gonorrhées ; elle s'employe en injections, après avoir fait procéder tous les remèdes appropriés à cette maladie.

Quelques apothicaires préfèrent les calices des fleurs aux fleurs mêmes, pour la composition de cette eau, parce qu'elle est alors plus detersive et plus astringente. On prépare dans les pharmacies un esprit ardent de Roses, qu'on ordonne avec succès depuis un demi-gros jusqu'à deux gros, dans sa propre eau, pour les syncopes et les palpitations, pourvu que ceux auxquels on la prescrit ne soient pas vaporeux.

C'est aussi avec les Roses pâles qu'on compose le syrop solutif simple et composé : le simple se fait avec le suc épuré , et autant de sucre ; sa dose est d'une once , dans les potions purgatives : on ajoute , pour le composé l'agaric , le séné , et quelquefois la rhubarbe : on prescrit pour l'ordinaire ce syrop à la dose d'une once et demie, et même de deux. Les Roses pâles servent aussi de base à une conserve laxative et à un électuaire, dans lequel entre la scamonée , dont la dose est d'une demie-once.

Les Roses de cette espèce ne sont pas seulement laxatives, mais elles sont encore céphaliques et cordiales, elles sont même quelquefois un peu astringentes, aussi sont-elles très-bonnes dans les diarrhées ; on les guérit presque toujours avec des bouillons faits de deux onces d'eau de Roses, et d'un jaune d'œuf, pour un demi-septier de lait. Étmuller vante beaucoup les Roses blanches dans les fleurs blanches. Constantin et l'Eméry pensent qu'elles sont aussi laxatives que les pâles ; mais il paroit par l'expérience qu'ils se sont trompés dans leur opinion.

Les Dames de Provence font usage dans la passion hystérique d'une potion composée de trois onces d'eau de Roses, et d'autant d'eau de fleurs d'orange, dans laquelle elles font fondre un morceau de sucre, sur un feu modéré.

La seconde espèce de Roses qu'on trouve dans les boutiques est la Rose musquée, *Rosa moschata*, c'est une variété de la Rose toujours verte, *Rosa sempervirens. Linn.* Cette espèce est laxative, et même plus que les pâles ; plusieurs personnes font infuser une ou deux pincées de ces Roses dans du bouillon de veau, pour se purger : d'autres se contentent de les manger, comme l'on fait des fleurs de pêchers. Dans la Provence et les pays chauds, où ces fleurs ont plus d'odeur, trois ou quatre en infusion ou en conserve purgent avec force et violence. Amatus Lusitanus rapporte qu'il en a donné à une dame Romaine qui s'en est trouvée très-incommo-

dée ; les personnes délicates doivent donc s'en
interdire l'usage, et on ne doit les ordonner
qu'aux personnes robustes, encore seroit-il
à propos de les faire bouillir dans du lait,
pour en modérer l'action.

La troisième espèce de Rose en usage, est
la Rose de Provins, la Rose de France ; ces
Roses sont astringentes, détersives et stoma-
cales, propres pour fortifier l'estomac,
pour arrêter les vomissemens, les cours de
ventre et les hémorrhagies ; on compose
avec ces Roses un grand nombre de confec-
tions médicinales, qu'on trouve détaillées
dans tous les dispensaires. Plusieurs médecins
assurent avoir guéri des phtysiques désespé-
rés, par l'usage du lait de vache et de la conserve de Roses continués pendant long-tems.
Rivière dit avoir connu un apohicaire phty-
sique, qui se guérit en mangeant continuellement du sucre rosat.

Quant à l'usage extérieur des Roses de Provins, on s'en sert communément dans les ca-
taplasmes et les fomentations astringentes et
résolutives ; elles sont propres pour les dislo-
cations, les entorses des pieds et des mains,
et pour les meurtrissures ; elles arrêtent aussi
les pertes de sang : on fait à cet effet bouillir
légèrement les Roses dans du gros vin rouge,
et on met le marc chaudement sur le bas-
ventre : ces mêmes fomentations faites sur la

tête , après des coups ou des chûtes qui menaçoient d'abcès dans cette partie, ont souvent réussi pour les prévenir et pour appaiser des migraines violentes.

Les Roses de Provins qu'on conserve dans les boutiques, se cueillent en boutons , lorsqu'elles sont prêtes à s'épanouir, afin de mieux conserver leur couleur et leur vertu, qui seroient un peu altérées par l'air, si on les laissoit ouvrir entièrement. Ray remarque à ce sujet, comme chose digne d'attention, que quoique les Roses étant cueillies se sèchent promptement , et qu'en se séchant , elles exhalent une odeur très-suave ; cependant tant qu'elles tiennent à l'arbrisseau, elles ne répandent aucune odeur dans les jardins à une certaine distance ; ensorte que si on se promène dans une Roseraie pleine de Roses épanouies, on ne sentira aucune bonne odeur, et qu'y étant introduit les yeux fermés, on ignoreroit qu'on est dans une roseraie, ce qui démontre que l'odeur de la Rose consiste dans une vapeur qui se dissipe aisement.

La quatrième espèce de Roses en usage est l'églantier ou Rosier sauvage ; les fruit de cette espèce de Rosier s'appellent *grattecu*, et leur conserve , *cynorrhodon* ; on s'en sert communément dans les cours de ventre, pour modérer l'ardeur de la bile, pour adoucir l'âcreté de l'urine , dans la strangurie et la dyssentérie ; cette préparation est aussi très-utile dans les flux hépatiques, dans les foiblesses d'estomac et les indigestions : on en donne depuis deux gros jusqu'à une demie-once. Les semences séparées de la chair du fruit dont on fait la conserve, sont plus apéritives ; elles conviennent dans la gravelle, ou en émulsion, à deux gros, sur une chopine de liqueur appropriée, ou à un gros en poudre dans un verre de vin blanc.

Le bédéguar du Rosier, qui est, ainsi qu'on l'a déjà dit, une espèce d'éponge attachée à la tige de cet arbuste, et formée comme les autres tubercules ou excroissances, qui proviennent sur les plantes, de la piquûre des insectes, est d'usage et a les mêmes vertus que le grattecu ; on le donne en poudre ou en infusion, depuis deux gros, jusqu'à une demie-once ; il est plus détersif en décoction, qu'astringent, et on peut l'employer dans les gargarismes, pour les ulcères de la gorge ; il est, selon Sennert, très-bon pour calmer les douleurs de la tête. Plusieurs auteurs prétendent que cette éponge a une qualité somnifère. Tragus, Simon Pauli, Schwenfeld et Sennert nous l'assurent, et Hoffman prétend qu'elle est utile pour calmer la phrénesie. La cendre de cette éponge, mêlée avec celle de l'éponge commune, est, selon plusieurs, très-propre pour resoudre les écrouëles,

Cette même éponge en poudre, infusée dans un verre d'eau, du soir au matin, passée ensuite et prise à jeûn, passe pour un bon remède dans la dyssentérie; on purge le lendemain avec la rhubarbe. Zuvelfer et Sérapion, dans leur pratique, assurent que les petits vers qu'on trouve pendant l'automne et l'hiver dans le bédéguar, sont un remède excellent pour l'épilepsie.

Tragus, Casalpin et plusieurs autres auteurs, donnent la racine d'églantier comme un remède utile contre la rage, il est tiré de l'histoire naturelle de Pline; mais il ne faut le régarder que comme un palliatif, de même que la plupart des remèdes tirés du règne végétal, dont on exalte si fort les vertus pour cette maladie, sans en avoir jamais remarqué aucun succès complet : le meilleur remède jusqu'à présent contre la rage, est l'onguent mercuriel en friction; cependant comme le chevalier Digby nous a donné la compositon d'un remède contre la rage, qui a été longtems un secret de sa famille, et que la racine d'églantier entre dans ce fameux remède, nous l'allons rapporter.

Prenez des feuilles de rhue, de sauge et de paquerette, de chacune trois poignées; ajoutez-y suffisante quantité de racines d'*églantier* et de scorsonère, avec un peu d'ail et une demie-poignée de sel, que vous mêlerez ensemble , pour faire un cataplasme , qu'on applique sur la morsure , après l'avoir lavée avec du vin et du sucre , dans lesquels on fera dissoudre un peu de sel. Quelques auteurs attribuent cette vertu contre la rage à l'écorce moyenne de l'églantier , et Lister au tubercule ou éponge qu'on appele *bédeguar*.

Les fleurs de l'églantier sont purgatives , comme les autres Roses ; mais le syrop qu'on en prépare est plus astringent , et s'employe ordinairement lorsqu'il faut purger , dans les pertes rouges ou blanches de femmes , préférablement aux autres purgatifs. La Rose à cent feuilles ou d'Hollande , est très-astringente ; elle convient conséquemment dans les cours de ventre ; elle fortifie l'estomac , empêche le vomissement, appaise la toux , en prévenant la fluxion du rhume ; on l'employe surtout avec utilité dans la consomption, les fleurs blanches et dans les diarrhées , pour cause de relâchement : les sommets des étamines que l'on appelle anthères , ont une vertu cordiale.

On employe ces Roses , dit Dale, dans les cours de ventre et les fièvres , pour appaiser la soif et faire renaître l'appétit ; appliquées extérieurement, elles sont utiles pour les vomissemens , le mal de tête , l'insomnie , les douleurs d'oreilles , des gencives et du fondement ; pour les ulcères de la bouche , de la gorge et des yeux : on met les anthères desséchées dans les dentrifices, pour serrer les gencives.

L'eau qu'on tire des Roses par la distillation, contient une huile qui la rend extrêmement amie de l'estomac, et d'une efficacité admirable pour appaiser les douleurs et les inflammations, dans toutes les maladies chaudes. La conserve de Roses possède une vertu cordiale et astringente fort salutaire aux phtysiques et aux hétiques.

Les fleurs du Rosier de Damas sont légérement purgatives, analéptiques et toniques : elles sont aussi propres pour les enfans et les personnes foibles, lorsqu'il s'agit d'évacuer les humeurs pituiteuses ou bilieuses ; on en met souvent dans les purgatifs violens.

Les seules fleurs du Rosier blanc sont d'usage ; elles sont dessicatives, analéptiques, astringentes, rafraichissantes ; l'eau qu'on en tire par la distillation entre dans les collyres, pour les inflammations des yeux ; les feuilles en infusion sont employées dans les fleurs blanches.

On prépare avec les Roses différens remèdes pharmaceutiques et magistraux.

1. Prenez trois onces d'eau de *Roses*, un jaune d'œuf ; agitez-les ensemble ; ajoutez-y un demi-gros d'alun de roche, pour un collyre, qu'il faut appliquer sur l'inflammation des yeux après quelques coups.

2. Prenez une once de fleurs de *Roses muscades*, que vous ferez infuser pendant la nuit
dans six onces d'eau de fontaine ; ajoutez à la
colature une once et demie de manne, pour
une médecine à prendre le matin.

3. Prenez deux onces de conserve de *kinor-
rhodon*, demie-once de sel de prunelle, un
gros de sel de Saturne, avec une suffisante
quantité de syrop de nénuphar ; faites un
opiat rafraichissant, à en prendre chaque
deux jours deux gros, dans la grande effer-
vescence du sang.

4. Eau simple de Roses: L'eau de Roses
s'obtient par la distillation des pétales privés
de leurs onglets. Cette eau, du tems de Phi-
lippe le Bel, entroit dans les provisions de
la cour ; elle étoit pour lors regardée comme
eau cordiale, mêlée sans doute à d'autres
fleurs, ou à quelques plantes aromatiques ;
elle servoit pour lors, ainsi que du tems de
Charlemagne et de l'empereur Alexis, pour
prévenir les défaillances. On compte deux
manières de distiller, par *ascensum* et par
descensum : la distillation *per ascensum* est
celle que l'on fait dans les alambics ordinaires ; le feu est placé sous le vaisseau qui contient
la matière qu'on soumet à la distillation ; la
chaleur fait élever en haut du vaisseau les vapeurs ; elles se condensent en liqueur dans le
chapiteau ; cette liqueur coule par un tuyau

qu'on a pratiqué à un des côtés du chapiteau : on se sert généralement de cette méthode pour distiller les Roses. Voy. ce que nous avons déjà dit ci-dessus, sur la manière de faire l'eau de Roses.

La distillation qu'on nomme *per descensum* est lorsqu'on met le feu au-dessus de la matière qu'on veut distiller ; les vapeurs qui se dégagent des corps, ne pouvant s'élever comme dans la distillation ordinaire, sont forcées de se précipiter dans le vaisseau inférieur qu'on a placé à ce dessein, et c'est ainsi que nous tirions l'eau des Roses, dans la maison paternelle.

5. *Conserve de Roses.* Prenez *Roses sèches* et pulvérisées, deux onces ; eau de *Roses*, huit onces ; sucre, une livre et demie ; mettez dans un vaisseau convenable la poudre de *Roses*, délayez-la avec de l'eau de Roses, laissez macérer ce mêlange à froid, pendant cinq ou six heures ; il prend la consistance d'une pulpe ; faites pour lors cuire le sucre à la plume, délayez avec un bistortier la pulpe de Roses dans le sucre, tandis qu'il est chaud et encore liquide ; chauffez un peu ce mêlange, pour que le sucre pénêtre bien la pulpe ; conservez-la dans un pot et gardez pour l'usage.

Quelques personnes avivent la couleur de cette conserve, en y ajoutant un peu d'esprit de vitriol, mais cette méthode est dangereuse : cette conserve est légèrement astringente, on la donne pour arrêter les cours de ventre et les vomissemens ; elle fortifie le creux de l'estomac, elle aide la digestion : le plus souvent cette conserve est l'excipient des autres médicamens, principalement des bols ou des pilules.

6. *Tablettes de suc Rosat.* Prenez pétales de Roses depouillés de leurs onglets et séchés à la hâte au soleil, une once ; sucre blanc, une livre ; faites fondre le sucre sur le feu, dans de l'eau et du suc de Roses, de chacun six onces ; après l'évaporation, ajoutez-y des Roses pulvérisées subtilement, et broyez-les sur un marbre, pour en faire des tablettes et même des pastilles, si l'on veut ; ces tablettes détergent et adoucissent le poumon, excitent le crachat, et récréent les esprits.

7. *Syrop de Roses sèches.* Prenez des *Roses de Provins* onglées et séchées, une demie-livre, eau bouillante, quatre livres ; cassonade, deux livres et demie ; mettez ces Roses dans une cruche de grès, ou dans une petite cucurbite d'étain ; versez par-dessus l'eau bouillante ; laissez macérer ce mêlange sur les cendres chaudes, pendant douze heures : au bout de ce tems, coulez l'infusion au travers d'un linge, en exprimant le marc légèrement ; dissolvez le sucre dans cette infusion,

clarifiez le mêlange avec des blancs d'œufs, et faites cuire le tout en consistance de syrop; ce syrop est astringent et fortifiant; il convient dans les diarrhées, la dyssentérie, le vomissement de sang; la dose est depuis deux gros, jusqu'à une once et demie.

8. *Miel Rosat, ou rodomel.* Prenez *Roses rouges* onglées et séchées, une livre; calice de Roses récentes, huit onces; eau bouillante, quatre livres; miel blanc, six livres; mettez les Roses et les calices dans une cucurbite de terre peu évasée; couvrez le vaisseau exactement, tenez l'infusion dans un endroit chaud, pendant douze heures; passez-la ensuite au travers d'un linge, en exprimant entre les mains seulement, et sans avoir recours à la presse; mêlez cette liqueur avec le miel, clarifiez le tout avec quelques blancs d'œufs; enlevez l'écume qui se forme au premier bouillon; faites-le cuire jusqu'à consistance de syrop, et passez le tout bouillant, au travers d'un blanchet. Ce miel est détersif et astringent; on le fait entrer dans les gargarismes, dans les injections et dans les lavemens, lorsqu'il est nécessaire de resserrer le ventre et de fortifier les intestins : la dose est depuis un gros jusqu'à une once, dans les gargarismes, et jusqu'à quatre onces dans les lavemens.

9. *Huile essentielle de Roses.* Nous en

avons donné ci-dessus la composition ; nous observerons seulement ici que cette huile est céphalique, cordiale ; délayée dans un liquide approprié, elle ramollit, rafraichit, excite les selles, et invite au sommeil. Homère dit que l'huile Rosat étoit en usage bien avant le siège de Troyes ; elle se faisoit pour lors simplement, en mettant infuser des feuilles de Roses dans de l'huile.

10. *Onguent Rosat.* Prenez graisse douce, une livre ; Roses rouges nouvelles, une livre ; laissez infuser ensemble pendant sept jours ; après cela, cuisez-les à petit feu, coulez la décoction ; retirez la même infusion d'une pareille quantité de Roses, pendant sept autres jours ; coulez et exprimez la décoction ; ajoutez-y ensuite suc de Roses, six onces; huile d'amandes douces, deux onces ; faites cuire ces drogues sur le feu, jusqu'à consommation de tout le suc, exprimez la décoction de nouveau ; et gardez l'onguent bien purifié pour l'usage.

Cet onguent est propre à adoucir et résoudre ; on s'en sert pour les hémorrhoïdes, les inflammations, les douleurs des jointures ; il convient aussi dans la toux des enfans ; si on y ajoute le camphre, il devient anti-putride et corroborant.

11. *Teinture de Roses rouges.* Prenez fleurs de Roses dépouillées de leurs onglets, une

once et demie; huile de vitriol, trente grains; mettez-les dans un pot de terre vernissé, avec deux chopines et demie d'eau de pluye bouillante; couvrez-les et faites-les infuser pendant trois heures; coulez la liqueur, et ajoutez-y bon sucre candi, trois onces : cette teinture rafraichit, dissipe la soif et fortifie, soit qu'on la prenne seule, soit jointe à quelque véhicule approprié.

12. *Poudre diarrhodon.* Prenez Roses rouges, une once; santal citrin et rouge, de chacun un gros et demi; semences de fenouil, basilic, scarole, pourpier, plantain, de chacun un gros et demi: gomme arabique, ivoire calciné, mastic en larmes, de chacun deux scrupules; semences d'épine-vinette, de canelle, bol d'Arménie préparé, terre sigillée préparée, perles fines préparées, de chacun un scrupule; on forme une poudre de toutes ces substances, le bol d'Arménie, la terre sigillée et les perles doivent être préparées selon l'art. On emploie ordinairement de petites perles, qu'on nomme semence de perles. Cette matière est un absorbant, auquel on pourroit substituer sans inconvénient les coquilles d'œufs préparées.

Cette poudre fortifie le cœur et l'estomac, aide à la digestion, est astringente ; on la donne pour arrêter les vomissemens, dans la cachexie, les pertes et les fleurs blanches: la dose est depuis douze grains, jusqu'à un gros.

1 3. *Tablettes de suc Rosat purgatives* Prenez suc dépuré de *Roses* pâles, une livre; sucre une livre et demie; on met le sucre dans une bassine, avec le suc de Roses; on fait cuire à petit feu, jusqu'à ce que le sucre soit à la plume; on ajoute pour lors les poudres suivantes; prenez santal citrin, rouge, de chacun un gros et demi; mastic en larmes, un gros et demi; Roses de Povins, une once et demie, scamonée onze scrupules; faites du tout un mêlange exact, le plus promptement qu'il sera possible, coulez-le sur un papier huilé, et étendez-le avec un rouleau impregné d'huile d'amandes douces; coupez la masse promptement en quarrés ou en lozanges; posez ces tablettes sur un papier gris, pour absorber l'huile qui est à sa surface; quand on est obligé de faire ces tablettes dans une saison où l'on ne peut se procurer de suc de Roses, on se sert en place d'une infusion de Roses sèches, ou encore d'une once d'extrait de Roses pâles, qu'on délaye dans une suffisante quantité d'eau. Ces tablettes évacuent la bile et les autres humeurs; la dose est depuis deux gros jusqu'à six.

1 4. *Conserve de cynorrhodon.* Prenez pulpe de cynorrhodon, une livre; sucre, une livre et demie; amassez dans la saison, des fruits des cynorrhodons bien mûrs; coupez-les

en deux, séparez exactement le pédicule, le
haut du calice, les graines et le duvet, qui
se trouvent dans l'intérieur ; arrosez-les avec
un peu de vin rouge, couvrez le vaisseau,
laissez macérer le mêlange dans un endroit
frais, pendant vingt-quatre heures, ou jusqu'à ce que le fruit soit suffisamment ra-
molli ; pilez - le alors légèrement dans un
mortier de marbre, avec un pilon de bois ;
tirez la pulpe par le moyen d'un tamis de
crin ; il reste l'écorce dure et ligneuse du
fruit, qu'on rejette comme inutile ; lorsqu'on a suffisamment de cette pulpe, on fait
cuire le sucre a la plume, et on y délaye la
pulpe ; on fait chauffer ce mêlange un instant, et on le colle dans des pots, pour le
conserver ; il en faut deux livres et demie.

La conserve de cynorrhodon arrête le
cours de ventre et est diurétique ; on s'en sert
pour la gravelle et dans les coliques néphré-
tiquez ; la dose est depuis un gros jusqu'à une
once.

15. *Julep de Roses blanches.* On le fait en
dissolvant une livre de bon sucre dans une livre d'eau de Roses. Ce julep est stomachique,
astringent et fortifiant ; on l'employe comme
édulcorant.

16. *Syrop de Roses pâles.* Prenez Roses
pâles mondées de leurs calices, douze livres ;
eau bouillante, huit livres ; cassonade, cinq

livres, contusez grossièrement les Roses dans un mortier de marbre, avec un pilon de bois; mettez-les dans une cucurbite d'étain, versez dessus l'eau bouillante; laissez le tout en infusion dans un lieu chaud, pendant douze heures; au bout de ce tems, passez avec une forte expression, ajoutez le sucre à la liqueur, clarifiez le mêlange avec quelques blancs d'œufs; faites-le bouillir, pour l'écumer et cuire à consistance de syrop; passez au travers d'un blanchet, lorsqu'il est suffisamment cuit. Ce syrop purge doucement en fortifiant, à la dose depuis une demie-once, jusqu'à deux onces.

17. *Syrop corroborant.* Prenez rhubarbe coupée, quatre onces; bayes de myrte écrasées, feuilles de Roses sans onglets, de chacune trois onces; crême de tartre, un gros; faites infuser à chaud pendant vingt-quatre heures, dans six livres d'eau calybée; faites bouillir doucement, passez et exprimez la décoction; ajoutez quatre livres de sucre, clarifiez le mêlange avec un blanc d'œuf, et faites bouillir jusqu'à consistance de syrop. Cette préparation fortifie l'estomac et les autres viscères, arrête le flux et les hemorrhagies; la dose est depuis une demie-once, jusqu'à deux onces.

18. *Syrop de Roses pâles composé.* Prenez Roses pâles, douze livres, séné mondé,

quatre onces ; agaric, deux onces ; semences
d'anis, quatre onces ; gingembre, deux gros ;
suc de citron, six onces ; eau, six livres ;
cassonade, douze livres ; on contuse dans un
mortier de marbre les Roses pâles, on les met
dans une cruche, avec huit ou neuf livres
d'eau ; on les laisse infuser pendant vingt-
heures, on passe l'infusion avec expression ;
on la fait pour lors chauffer, on la verse toute bouillante sur le séné, l'agaric coupé menu, l'anis et le gingembre qu'on a concassés ;
on laisse infuser ce mélange pendant douze
heures, on passe la liqueur au travers d'un linge, on exprime le marc, on le fait bouillir
dans quatre livres d'eau ; on passe la décoction avec expression, on la mêle avec la liqueur précédente, on y fait dissoudre le sucre, on clarifie le tout avec deux ou trois
blancs d'œufs, et on le fait cuire en consistance de syrop. C'est un bon purgatif, il purge les humeurs bilieuses ; la dose est depuis
une demie-once, jusqu'à deux onces.

19. *Electuaire de suc de Roses.* Prenez sucre et suc de Roses de Damas, de chacun une
livre quatre onces ; des trois espèces de santaux une once et demie ; mastic, trois gros ;
diagrada, douze gros ; réduisez les santaux
en poudre, avec celle de diagrada et de mastic,
que vous avez aussi mis en poudre séparé-
ment ; ajoutez le suc de Roses et le sucre,

dont vous aurez fait le syrop ; c'est avec ce syrop chaud que vous lierez les ingrédiens et que vous ferez cet électuaire.

Il convient dans les affections bilieuses ; on le donne depuis deux gros, jusqu'à une demie-once ; il sert aussi d'excipient pour les autres remèdes.

20. *Vinaigre Rosat.* Prenez feuilles de Roses sèches, une livre ; vinaigre rouge, douze livres ; mettez dans un matras ces fleurs de Roses mondées de leurs onglets, récemment séchées ; on verse par-dessus le vinaigre, on bouche le matras avec un parchemin, on fait digérer ce mêlange au soleil, ou à l'air libre, pendant cinq ou six jours ; on passe pour lors avec forte expression, on filtre la liqueur au travers d'un papier gris, on la conserve dans une bouteille qu'on bouche bien. Le vinaigre Rosat, mêlé avec de l'eau de Roses, un peu de nitre et du camphre, compose un épithême propre dans les fièvres aiguës et les hémorrhagies du nez.

21. *Syrop magistral, astringent* ou *anti-dyssentérique.* Prenez rhubarbe, une once ; myrobolans citrins, une once et demie; écorce de grénades, feuilles de Roses rouges, de chacun trois gros; pour faire ce syrop, coupez d'abord en petits morceaux, écrasez le mirobolans et l'écorce de grénades ; mettez le tout infuser ensemble chaudement, pendant

vingt-quatre heures, dans trois livres d'eau distillée de plantain ; faites bouillir l'infusion ; passez doucement et exprimez ; mêlez-y quatre onces de suc clarifie d'épine - vinette, et deux livres de sucre blanc : clarifiez le mêlange avec un blanc d'œuf, passez et faites bouillir jusqu'à consistance de syrop. Ce syrop est excellent, il évacue doucement les humeurs bilieuses par les selles, fortifie les intestins, arrête les dyssentéries et autres flux, et fortifie l'estomac ; la dose est depuis une once jusqu'à trois ; on en prend trois cueillerées, ou une once et demie le matin à jeûn, pendant huit à neuf jours.

22. *Syrop d'Antoine d'Aquin, contre la lienterie.* Prenez sommités de grande absynthe, Roses rouges sans onglets, de chacune trois poignées ; limaille d'acier en nouet, deux onces ; rhubarbe, écorce de myrobolans citrins, de chacun une once et demie ; crême de tartre, une once ; santal rouge écrasé, une once et demie : faites un syrop de la manière suivante.

Mettez tous les ingrédiens dans un vaisseau de terre vernissé ; versez dessus du suc de plantain et de *Roses rouges*, de chaque deux livres ; couvrez le vaisseau, tenez-le sur des cendres chaudes, pendant vingt - quatre heures ; faites bouillir l'infusion doucement pendant un quart-d'heure ; passez et exprimez ; ajoutez quatre livres de sucre, clarifiez avec le blanc d'œuf, et faites bouillir jusqu'à consistance de syrop. Ce reméde arrête le flux de ventre et particulièrement la lienterie ; il fortifie l'estomac et les intestins ; il corrige l'acrimonie des humeurs, il est bon contre les hemorrhagies : sa dose est depuis une once, jusqu'à une once et demie.

Toutes ces formules se trouvent rapportées dans la plupart des pharmacopées.

CHAPITRE XI.

Des effets funestes résultans de l'usage des Roses.

Sɪ les Roses sont pour quelques personnes un parfum délicieux, combien n'en voyons-nous pas que leur odeur rend très-malades, telles que celles qui sont sujettes aux vapeurs, ou à toute autre affection nerveuse. Plusieurs auteurs assurent avoir vus des fontes de pituites et des vomissemens excités par l'odeur des Roses. L'Emery, dans son cours de chymie, assure avoir connu plusieurs personnes à qui l'odeur des Roses causoit des fontes de pituites, qui, collant dans l'estomac, y excitoient des vomissemens, ou qui se déchargeant par une expectoration abondante, produisoit un rhume de plusieurs jours.

Libelius rapporte dans les éphémérides d'Allemagne, qu'il a connu un homme d'un tempéramment mélancolique, qui étoit forcé de garder la maison dans le tems de la fleur des Roses, parce que leur odeur lui occasionnoit des démangeaisons dans les yeux, accompagnées d'inflammation et d'un écoulement de larmes involontaire.

Amatus Lusitanus fait mention d'un moine qui, à la simple odeur de Roses, tomboit en syncope. Un apothicaire de Nismes, dit le docteur Razoux, étoit sujet à l'enchifrenement, toutes les fois que son état l'obligeoit de faire quelques préparations avec les Roses. Les morts subites, occasionnées par une quantité inconsidérée de fleurs de Roses tenues dans une petite chambre exactement fermée, ne sont pas rares. *Martinus Camerarius in libr. de rebus Polonorum*, raconte l'histoire d'un certain Laurentius, évêque de Breslau, qui fut suffoqué par des Roses. Jérome Humengus, dans la généalogie du comte de Soleure, décrit un accident aussi funeste arrivé à une comtesse de Soleure. Igenhouze, dans ses expériences sur les végétaux, nous fournit plusieurs exemples de semblables malheurs.

Quelques Roses, telles que les musquées, n'ont pas des effets moins dangereux, quand on les prend intérieurement, comme il est arrivé à l'égard d'une dame Romaine, dont parle Amatus Lusitanus, qui faillit de mourir pour s'être purgée avec quelques Roses musquées.

Nous devons donc conclure que tous les plaisirs de la vie, dont la Rose est l'emblême, sont entremêlés de quelques peines, et que si un bon odorat est, suivant Cardan, une preuve d'esprit, les hommes payent souvent bien chere cette faveur de la nature. Si les peintres nous représentent ordinairement l'amour couronné de Roses, c'est pour nous faire entendre que les peines sont à côté des plaisirs.

Nous nous sommes peut-être un peu trop étendus sur les Roses; mais ces fleurs sont si intéressantes, que nous aurions cru manquer essentiellement à nos lecteurs, si nous n'etions pas entrés dans quelques détails à leur sujet : nous finissons ce que nous en avons dit, par deux passages en vers latins, qui ont rapport à la Rose.

> Mirabar celerem fugitivâ ætate rapinam,
> Et dum nascuntur consenuisse rosas. ..
> Vidi ego mane rosam, solis cum lumine nasci,
> Et vidi rursum solæ cadente, mori.
>
> *Valerian.*

CHAPITRE XII.

De la Palingénesie de la Rose, ou de la méthode de faire renaître cette fleur de ses cendres.

1. PRENEZ quatre livres de graines de Roses bien mûres, pilez-les dans un mortier, mettez le tout dans un vaisseau de verre qui soit bien propre, et de la hauteur de ladite plante; bouchez exactement le vaisseau et le gardez dans un lieu tempéré. 2. Choisissez un soir où le ciel soit bien pur et bien serein; exposez votre graine pilée à la rosée de la nuit, dans un large plat, afin que la graine s'impregne fortement de la vertu vivifiante qui est dans la rosée. 3. Avec un grand linge bien net, attaché à quatre pieux dans un pré, ramassez huit pintes de cette même rosée, et versez-la dans un vase de verre qui soit bien propre. 4. Remettez vos graines imbibées de la rosée dans leur vaisseau, avant que le soleil se leve, parce qu'il feroit évaporer la rosée : posez ce vaisseau comme auparavant, dans un lieu tempéré.

5. Quand vous aurez amassé assez de rosée, il faut la filtrer et puis la distiller, afin qu'il ne reste rien d'impur; les sucs qui en resultent étant assez calcinés, on en tirera le sel.

6. Versez la rosée distillée et imbue de ce sel,

sur

sur la graine, après quoi, rebouchez le vaisseau avec du verre pilé et du borax; le vaisseau en cet état doit être mis pendant un mois dans du fumier neuf de cheval.

7. Retirez le vaisseau; vous verrez au fond la graine, qui sera devenue comme de la gelée; l'esprit sera comme une petite peau de diverses couleurs, qui surnage au-dessus de la matière: entre la peau et la substance limoneuse du fond, on remarque une rosée verdâtre, qui représente une moisson.

8. Exposez durant l'été ce vaisseau bien bouché au clair de la lune; si au contraire, le tems est pluvieux, gardez-le en lieu sec et chaud, jusqu'au beau tems.

Il arrive quelquefois que cet ouvrage se perfectionne en deux mois, quelquefois il exige une année. Les marques de succès sont quand on voit que la substance limoneuse s'enfle et s'élève, que la petite peau ou l'esprit diminue tous les jours, et que toute la matière s'épaissit. Lorsqu'on voit dans le vaisseau, par la réflexion du soleil, naître des exhalaisons subtiles et se former de légers nuages, ce sont les premiers rudimens de la plante naissante.

Enfin, de toute cette matière il doit se former une poussière bleue; de cette poussière, lorsqu'elle est élevée par la chaleur, il se forme un tronc, des feuilles, des fleurs; on

M

apperçoit en un mot l'apparition d'une plante qui sort du milieu de ses cendres ; dès que la chaleur cesse , le spectacle s'évanouit , toute la matière se dérange et se précipite dans le fond du vaisseau , pour y former un nouveau chaos : le retour d'une nouvelle chaleur ressucite toujours ce phœnix végétal.

Nota. Quoique cette méthode se trouve rapportée par différens auteurs célèbres, nous n'y ajoutons pas plus de foi qu'à la baguette divinatoire , à la transfusion du sang, à la vaccine , au galvanisme , aux vertus de l'oxigené , à la pluie de sang , aux pierres tombées du Ciel , et autres pareilles puérilités. Si nous avons rapporté ici ce chapitre , ce n'est que pour faire voir les écarts auxquels l'esprit humain est exposé , en se livrant aux impulsions du charlatanisme des empyriques modernes.

CHAPITRE XIII.

De la Rose de Jéricho.

CETTE plante forme un genre totalement différent du Rosier ; elle n'en approche que par le nom qu'on lui a donné, et qui est même impropre. G. Bauhin l'a ainsi denommée, *Rosa Jericho*, *Rosa hierichunta*, et Camérarius l'appelle simplement *Hiericontis*. Ce genre de plante a le calice formé de quatre folioles ovales, oblongues, concaves, perpendiculaires, et tombant avant les pétales ; la corolle est composée de quatre pétales disposés en croix, arrondis, plânes, implantés à angle aigu, ayant des onglets environ de la longueur du calice, approchant de la direction horisontale ; les étamines des fleurs sont au nombre de six, formées par autant de filamens en alêne, de la longueur du calice, presque perpendiculaires, dont deux opposés, plus courbés et plus courts, et surmontés par des anthères arrondies ; le pistil est composé d'un ovaire fendu en deux, très-petit, d'un style en alêne, de la longueur des étamines, et subitement après la chûte des pétales, et d'un stigmate en tête. Le fruit est une silique très-courte, à deux loges, composée d'une cloison oblique, qui se termine en pointe recourbée en alêne , plus longue que la silique , et de deux battans parallèles, dont la moitié inférieure forme une loge , et la partie supérieure est relevée, concave, oblique , et s'ouvre pour répandre les semences, qui sont solitaires , arrondies ; le péricarpe ressemble à-peu-près ponr la forme au pied des animaux connus sous le nom d'animaux à pieds fourchus.

La Rose de Jéricho fait partie de la tetradynamie siliculeuse de Linnée ; cet auteur en admet deux espèces.

La première est la vraie Rose de Jéricho. *Anastica hierochuntica , Anastica foliis obtusis, spicis axillaribus brevissimis , siliculis ungulatis spinosis. Linn. sp. plant. 895. Anastica. Hort. Cliff. 328. Hort. Ups. 183. Roy. Lugdb. 331. Gron. Orient. 78. Thlaspi Rosa de Hiericho dictum. Moris. Hist. 2. p. 228. S. 5. Rosa Hierochuntea vulgo dicta. Pin. 484. Rosa Hierochuntica. Com. Hort. T. 41. Myagrum humile fruticosum Rosa Hierico dictum. Pluk. alm. Rosa Hierochuntica. Cam. Rosa Mariæ ; Myagrum Arabicum.*

Cette espèce est annuelle ; ses feuilles sont radicales, charnues, cotoneuses, obtuses, en forme de spatule, crénelées au sommet, sessiles ; les feuilles de la tige sont éparses, alternes, placées à chaque articulation ; sa tige a un ou deux pouces de hauteur, elle est rameuse et cotoneuse; les rameaux sont épais, mêlés, ramassés en ombelles; les fleurs sont solitaires, sessiles, axillaires, d'un vert blanchâtre.

Cette espèce est représentée dans Lobel, pl. 616; dans le Théâtrum de Parkinson, page 1584; dans l'Histoire de Jean Bauhin, t. 2. sect. 5, pl. 25, fig 2 et 3; dans le Jardin d'Amsterdam, par Commelin, pl. 41; dans Zanoni pl. 125, fig. 1 et 2, et dans notre grande Collection d'histoire naturelle, herbier de l'Asie, pl. 2. Elle croît naturellement sur les bords de la Mer Rouge, dans les terreins sabloneux de la Palestine et du Caire, proche Jéricho, de même que dans les déserts du Mont-Sinaï.

Cette plante est âcre, irritante; on lui attribue une vertu incisive, détersive, apéritive et anti-scorbutique. Quelques personnes s'en servent comme d'hygromêtre; on arrache pour cet effet la Rose de Jéricho, lorsque la graine est presque mûre, on la fait sécher en la suspendant par la racine dans un endroit sec; les branches de cette plante se rapprochent en se séchant, se pressent et forment même une espèce de boule: si on met ensuite dans l'eau, ou si on expose à une très-grande humidité, cette plante dans quelque tems ou saison que ce puisse être, elle déploye aussi-tôt ses branches, ses capsules s'entr'ouvrent, et c'est par-là qu'elle peut bien servir d'hygromètre.

Comme on a remarqué pour la première fois cette espéce d'épanouissement la nuit de Noël, la superstition a trouvé dans cet effet naturel un miracle fait en l'honneur de la Sainte Vierge, d'où est venu à cette plante le nom de *Rose de Marie*, et l'opinion que ses fleurs quoique séches s'ouvrent la nuit de Noël. Certaines personnes superstitieuses prétendent que cette même plante a la vertu de s'épanouir dans le tems que la femme de la maison est dans les douleurs de l'enfantement, et que son épanouissement plus ou moins grand annonce un enfantement plus ou moins heureux. Peut-on rien voir de plus superstitieux ?

La seconde espèce est la Rose de Jéricho sauvage ou de Syrie. *Anastatica Syriaca, anastatica foliis acutis, spicis folio longioribus, siliculis ovatis. Linn. sp. plant.* 885. *Rosa Hiericontea sylvestris. Bauh. pin.* 434. *Rosa Hiericuntica aliâ. Cam. Hort. T.* 42. *Anastica quæ myagrum ex Sumatrâ et Syriâ, semine spinoso, simili capiti aviculæ. Zan. gron.* 78. *Anastica Syriaca. Jacq. aust. T.* 6. *Thlaspi fruticosum Moravicum. Bocc. mus.* 135. *Thlaspi Hierico sylvestri affine. Bocc. ibid. T.* 98.

Cette plante est annuelle ; ses feuilles sont aiguës, ses épis plus longs que les feuilles ;

les pétales blancs, linéaires, très - menus, bordés à la pointe ; les siliques sont ovales, raboteuses, entières, terminées en pointe courbée.

Cette espèce est représentée dans l'Hortus de Camérarius, pl. 42 ; dans le *Musœum* de Boccone, pl 98 ; dans les plantes australes de Jacquin, pl. 6, et dans le second volume de Morison, sect. 5, pl. 25, fig. 2. Elle croît naturellement en Syrie sur les toits, dans les masures et les décombres.

Ces deux espèces se multiplient par graines ; on les sème à la fin de mars, dans une terre légère, sabloneuse, à une exposition chaude, et dans l'endroit où elles doivent fleurir, parce qu'elles périssent lorsqu'on les transplante ; quand les semences seront levées, on les éclaircira dans les parties où elles seront trop pressées ; on laissera environ six pouces entre chaque pied, et on arrachera les mauvaises herbes qui pourroient les étouffer ; elles fleurissent au mois d'Août : si la fleur paroît plus tard, ou s'il survient beaucoup de pluye en automne, les graines ne mûrissent pas assez dans les climats tempérés, pour devenir bonnes à être semées.

CHAPITRE XIV.
GLANURES
De poësies françaises sur la Rose.

I.

AIMABLE Rose ! au lever de l'aurore,
Un essaim de zéphirs badine autour de toi ,
Chacun d'eux jure qu'il t'adore,
Chacun d'eux te promet une éternelle foi.

Mais le soleil en se couchant dans l'onde,
Voit à leurs tendres soins succeder le mépris :
La troupe ingrate et vagabonde
Déserte sans scrupule avec ton coloris.

Tel est le sort de la belle jeunesse ,
Mille cœurs enchaînés s'offrent à ses desirs ;
Mais bientôt survient la vieillesse ,
La fleur tombe , et l'amour cherche ailleurs ses plaisirs.

Les amours de Leucip. et Clit.

II.

SEMBLABLE en son printems a la Rose nouvelle
Qui renferme en naissant sa beauté naturelle ,
Cache aux vents amoureux les trésors de son sein ,
Et s'ouvre aux doux rayons d'un jour pur et serein.

Voltaire.

III.

BELLE Rose
Que j'arrose ,
Tes charmes naissans
Sont l'honneur du printems.
Tu vas plaire
A ma bergère ,

Mais son teint plus frais
Efface tes attraits.
Il faut avant que je te cueille,
Que je t'anime d'un baiser,
Directement sur cette feuille
Mes lèvres vont le déposer.
Belle Rose
Que j'arrose,
Si c'est ton destin,
D'approcher de son sein.
Si sa bouche,
Aussi te touche,
Donne-lui pour moi
Ce gage de ma foi.
Pour Colette que j'adore,
Joli bouton tu vas t'ouvrir :
Reçois encore ce soupir,
Pour te hâter d'éclore.
Mais conserves-en la flâme ;
Que ta jeune fleur
Se penche sur son cœur :
Que Colette au fond de l'ame,
En sente l'ardeur,
Et songe à mon bonheur.

I V.

TENDRE fruit des pleurs de l'aurore,
Toi, dont Zéphir va jouir,
Reine de l'empire de Flore,
Hâte-toi de t'épanouir.

Que dis-je, hélas ! crains de paroître ;
Diffère un moment de t'ouvrir ;
L'instant qui doit te faire naître
Est celui qui doit te flétrir.

Thémire est une fleur nouvelle
Qui subira la même loi :

Rose, tu dois briller comme elle ;
Elle doit passer comme toi.

Quitte cette tige épineuse,
Prêtes-lui tes vives couleurs :
Tu dois être la plus heureuse
Comme la plus belle des fleurs.

Vas, meurs sur le sein de Thémire,
Qu'il soit ton trône et ton tombeau ;
Jaloux de ton sort, je n'aspire
Qu'au bonheur d'un trépas si beau.

Suis la main qui va te conduire
Du côté que tu dois pencher :
Eclate à nos yeux sans leur nuire ;
Pares son sein sans le cacher.

Mais si quelqu'autre main s'avance,
Si quelqu'amant est mon égal,
Emporte avec toi ma vengeance,
Garde une épine à mon rival.

Tu vivras plus d'un jour peut-être
Sur l'autel que tu dois parer ;
Un soupir t'y fera renaître,
Si Thémire peut soupirer.

Fais lui sentir par mes allarmes
Le prix du plus grand de ses biens,
En voyant expirer tes charmes,
Qu'elle apprenne à jouir des siens.

Le gentil Bernard.

V.

Les Roses nouvelles,
Pour paroître belles,
N'ont dans leur printems
Que quelques instans.
Pour plaire comme elles,
L'amour n'a qu'un tems.

Danchet.

VI.

Vous courrez le destin
De ces fleurs si fraîches et si belles,
Comme elles vous plaisez, vous passerez commme elles.

Desroses.

VII.

Tendres filles de Flore,
Images du plaisir,
Colette dès l'aurore,
Viendra pour vous cueillir :
Vous brillerez près d'elle
D'un éclat plus parfait ;
C'est le sein d'une belle
Qui pare le bouquet.

Favart.

VIII.

Les Roses ou la moisson de Vénus.

Un jour la belle Dionée,
Dans un de ces bosquets qui couronnoit Paphos,
Fit enlever le fils d'Enée,
Tandis que le sommeil lui versoit des pavôts :
Elle-même sema de fraîches violettes
Le gazon embaumé qui lui servoit de lit.
Près d'Ascagne étendue en ces sombres retraites,
Vénus le vit dormir, et Vénus s'attendrit ;
La Déesse alors se rappelle,
Du berger qu'elle aima les jours trop tôt finis.
Il revit pour moi, disoit-elle,
C'est ainsi qu'il dormoit ; tel fut mon Adonis.
Elle sent au moment errer de veine en veine
Ce feu, dont les progrès augmentent ses appas ;
Combien de fois ne voulut-elle pas,
S'élançant à demi, ne respirant qu'à peine,
Au cou d'Ascagne entrelacer ses bras !

Le désir naît sur ses lèvres ardentes;
Mais craignant de troubler ce paisible sommeil,
Elle se laisse aller sur des Roses naissantes,
Qui, graces à Vénus, verront plus d'un soleil:
Leur parfum la séduit, et leur fraîcheur l'attire,
   Au gré d'un caprice charmant;
Elle y porte la main, avec feu les respire,
En humecte sa bouche, et croit dans son délire,
Ne baisant que des fleurs, caresser son amant;
  Vous eussiez vu les Roses enflammées
    Sous les caresses de Cypris,
    Epanouir leurs feuilles animées.
C'est de là que leur vient leur tendre coloris;
    Autant de baisers que de Roses,
    Rivale des Zéphirs légers,
Vénus en donne tant de ses lèvres mi-closes,
Que les Roses bientôt vont manquer aux baisers;
    Sa moisson faite elle s'envole;
Ses cygnes éclatans l'emportent dans les airs,
En longs sillons d'azur devant elle entrouverts.
Elle impose silence aux fiers enfans d'Éole,
Et les beaux jours naissent pour l'univers.
Du haut des cieux que son haleine épure,
Où son char d'or lui trace un lumineux chemin;
    Vénus sourit, et le front plus serein,
Va, semant les baisers sur toute la nature;
    Elle en émaille la verdure,
Colore les épis, teint le duvet des fleurs;
Elle en couvre les bois, les prés, la grotte obscure,
Et répand sur les eaux leurs subtiles ardeurs.
Depuis ce jour tout brûle, et s'unit, et s'enlace,
Le bouton d'un beau sein est éclos d'un baiser,
Une Rose y fleurit pour y marquer sa trace;
Fier de l'avoir fait naître, il aime à s'y fixer.

Dorat.

I X.

La Rose.

Je veux dans un repas charmant
Entourer ma coupe de Roses;
Vénus en fait son ornement.
Au siècle des métamorphoses,
La Déesse les vit écloses
Du sang vermeil de son amant.
Quand l'amour danse avec les graces,
La Rose orne ses beaux cheveux ;
La Rose est le plaisir des Dieux,
Le Zéphir en est amoureux,
Et Flore en parfume ses traces.
On aime à cueillir ses boutons,
Malgré leur épine cruelle :
Les muses la trouvent si belle
Qu'elle est l'objet de leurs chansons.
Mais elle ira bientôt parer le noir rivage,
O mes amis! comme elle on nous verra finir :
Eh! que laisserons-nous après ce court voyage?
Une ombre, un peu de cendre, un léger souvenir,
A quoi sert d'embaumer nos depouilles mortelles,
Et sur de vains tombeaux pourquoi semer des fleurs?
C'est tandis que le vin anime encor nos cœurs,
Qu'il faut nous couronner de guirlandes nouvelles.

Profitons du jour serein
Que ramène la nature ;
L'impénétrable destin
A caché le lendemain
Dans la nuit la plus obscure.
Loin de nous chagrin, tourment,
Inquiétude ennemie :
La saine philosophie
Est de voyager gaiement
Sur la route de la vie;

> On n'y paroît qu'un instant,
> Je le donne à la ¦folie,
> Et je m'en irai content
> Dans l'abyme où tout s'oublie.
>
> Léonard.

X.

> AUSSI, moi qui n'obtins jamais d'autre faveur,
>   Qui jamais n'eus d'autre ressource
> Que de vous présenter quelquefois cette fleur ;
> Je crois en la voyant briller sur votre cœur,
> Voir le sang de Vénus retourner à sa source.
>
> Dumoustier.

X I.

Couplets sur la Rsoe.

> QUAND l'haleine des doux zéphirs
> Et la verdure renaissante,
> Annoncent la saison charmante
> Et de l'amour et des plaisirs,
> Vainement mille fleurs écloses
> Appellent la main des amans,
> On ne croit revoir le printems,
> Qu'en voyant renaître les Roses.
>
> Parmi les filles du matin,
> C'est la Rose qu'amour préfère ;
> Vénus aux fêtes de Cythère,
> En pare sa tête et son sein ;
> Sur sa corolle demi-close,
> Zéphir se plait à voltiger ;
> Le papillon le plus léger
> Se fixe en voyant une Rose.
>
> Des plus aimables dons des cieux
> La Rose est l'image fidelle ;
> Souvent même elle est le modèle
> Qui nous sert à peindre les Dieux ;

Lorsque l'Aurore se dispose
A sortir des bras de l'Amour ,
Pour ouvrir les portes du jour
On lui donne des doigts de Rose.

Voyez dans cette humble réduit
Cette beauté simple et touchante,
Ses traits sont la Rose naissante
Que le plaisir épanouit :
Son sein où l'amour se repose ,
Efface la blancheur du lys ;
Mais qui lui donne tant de prix
N'est-ce pas le bouton de Rose ?

Toi , dont les charmes séducteurs
Souvent m'ont fait prendre la lyre ,
C'est le même objet qui m'inspire ,
En chantant la reine des fleurs ;
Hélas ! mes vers sont peu de chose ,
Que n'ai-je un plus heureux talent !
Mais , Thémire , en te regardant
On apprend à chanter la Rose.

Roger.

X I I.

La Rose.

SANS chagrin et sans souci ,
En vers , ainsi qu'en prose ,
Je m'unis aux *Rosati* ,
Pour célébrer aujourd'hui
     La Rose.   (*ter.*)

Quand du jus délicieux
 Le festin on arrose ,
La couleur qui plait aux yeux ,
C'est celle qui peint le mieux
     La Rose.   (*ter.*)

Dans le plus simple réduit

Il manque peu de chose,
Lorsque l'amour y conduit,
Et qu'on y cueillie sans bruit
  La Rose.   (*ter.*)

Près d'une jeune beauté
Aux lèvres demi-closes,
Avec quelle volupté,
Cueille un amant enchanté
  Les Roses.   (*ter.*)

D'un chanoine, d'un béat,
Si quelquefois l'on glose,
On vante le fin rabat ;
Le teint frais et l'incarnat
  De Rose.   (*ter.*)

Les capucins, en commun,
Ont les diverses choses,
Mais ce quï manque à chacun,
Vraiment c'est le doux parfum
  Des Roses.   (*ter.*)

Souvent sans rime et raison,
De couplets on dispose ;
Mais les enfans d'Apollon
Cueillent au sacré vallon
  La Rose.   (*ter.*)

Mes amis, si je croyois
A la métempsicose,
Guerrier, galant et Français ,
Oui, je me transformerois
  En Rose.   (*ter.*)
     Champmorin. *Rosati d'Arras.*

XIII.

Éloge de la Rose.

AMIS, célébrons le retour
De la jeune fille de Flore ;

O doux printems ton plus beau jour
 Est celui qui la fait éclore.
Qu'on la cueille encore en bouton,
Ou quand son sein modeste s'ouvre,
A quelle fleur trouvera-t-on
Tous les charmes qu'elle découvre ?   (*bis.*)

   La Rose est la fleur chère aux Dieux,
Dans ses cheveux Hébé la pose,
Et le nectar qu'on sert aux cieux
Doit son coloris à la Rose ;
Du poëte elle est l'ornement,
Le buveur à table l'accueille ;
Mais son sort est bien plus charmant,
 Lorsqu'un amant heureux la cueille   (*bis.*)

   Alors sur le sein de Myrtis
Qu'un double boutonnet couronne ,
Parmi deux touffes de beaux lys,
La reine des fleurs trouve un trône :
Pourquoi plutôt que deux beaux yeux ,
Baise-t-on des lèvres mi-closes ?
Mes amis , je dévine au mieux ,
C'est que l'on croit succer des Roses. (*bis.*)

Legay. Rosati d'Arras.

X I I I.

A. Madame de S. B.

Sur une Rose artificielle qu'elle avoit d son côté.

   De la fleur qu'embellit ton sein
J'admire l'élégant ouvrage ,
C'est de la Rose du matin,
Lise , la plus parfaite image,
Et l'on dira , si par hasard
L'on en découvre l'imposture ,
Voici le chef-d'œuvre de l'art
Près de celui de la nature.   De Saint-Brice.

N

XIV.

MAIS qui peut refuser un hommage à la Rose ;
La Rose , dont Vénus compose ses bosquets,
Le printems sa guirlande , et l'amour ses bouquets,
Qu'Anacréon chanta, qui formoit avec grace
Dans les jours de festin la couronne d'Horace.

De Lille. Les Jardins.

X V.

A Madame ***. en lui envoyant une Rose.

La Rose et le Chêne, Fable.

ON étoit dans ce tems où l'amour nous rappelle,
  Dans les champs , sur le verd gazon ;
Et déjà l'on voyoit la jeune pastourelle ,
Conduisant son troupeau , chanter quelque chanson.
  Le doux printems ranimoit la nature ;
Les fleurs et les oiseaux célébroient son retour ;
Et le Dieu des amans caché sous la verdure ,
  Méditoit encor quelque tour.
Un chêne dans les airs portoit sa tige altière ,
Et des siècles sans nombre augmentoient sa fierté :
  Non loin de lui la Rose printannière
Voyoit par les zéphirs son feuillage agité ;
  Belle , sans en être plus fière ,
  Elle avoit tous les dons de plaire ;
Mais rien ne charmoit plus que sa simplicité.
A cette jeune fleur qui plait tant à Cythère
  Le chêne dit ces mots pleins de fierté :
  Fragile fille de la terre ,
Comment oses-tu donc te mettre auprès de moi ?
  De tous les arbres je suis roi ,
Je porte dans les airs une orgueilleuse cîme ,
J'ai vu fuir loin de moi plus de trois cent hivers ,
Et sans craindre le Dieu qui règne sur l'abime ,
Mes racines, mon tronc vont jusques aux enfers.

Que voulez-vous, dit la modeste Rose,
Je vois votre grandeur sans un regard jaloux :
Les Dieux nous font souvent dans leur courroux
Des dons qui de nos maux sont la première cause ;
Je ne crains point les aquilons fougueux
Sous votre bienfaisant ombrage,
Et chaque jour le papillon volage
Vient entr'ouvrir mon calice amoureux.
Que dis-je ? un plus beau sort peut-être,
Sera le fruit de mon humilité :
J'ignore si l'amour ne m'a pas donné l'être,
Pour être offerte à la beauté.
Cette fleur achevoit à peine,
Qu'on entendit dans l'air les tonnerres mugir :
L'aquilon furieux déracine le chêne,
Et sur votre beau sein la Rose veut mourir.

X V I.

Épigramme Anacréontique.

D'un bouquet formé par l'amour,
Seule tu m'es restée, oh ! ma Rose chérie !
Tu paras durant tout un jour
Le sein de mon ingrate amie :
Ce même jour, hélas ! te vit naître et périr,
Sous des baisers charmans Phébus te vit éclorre :
Le soir sous des baisers encore,
En terminant son cours Phébus te vit mourir :
Crois-moi, bénis ta destinée ;
Qu'un sort pareil au tien m'eut épargné de pleurs !
Car ses amans, comme ses fleurs
Ne lui plaisent qu'une journée.

X V I I.

Le jardinier des Roses.

QUOIQUE jeune et novice encor,
Dans les secrets du jardinage,

Je viens vous parler d'un trésor
Que j'ai dans mon humble hermitage :
Ce bien si cher est une fleur,
Mais elle n'a pas sa pareille :
Qui pourroit ravir cet honneur
A la Rose fraîche et vermeille? (*bis.*)

Je trouve en elle tour-à-tour
Ami prudent, bien douce amie,
Les plaisirs d'un volage amour,
Et l'aimable philosophie ;
Mais d'un secret si précieux
Je ne vous ferai point mystère,
Car est-on bien vraiment heureux
Lorsqu'il faut jouir et se taire ? (*bis.*)

Pour me faire entendre sa voix,
La Rose a sa métamorphose ;
Ici d'Hébé c'est le minois,
Là d'Iris la lèvre mi-close;
Mais si je veux au Dieu malin
Unir la piquante folie,
Je fais un pas et sous ma main
Fleurit la Rose d'Italie. (*bis.*)

Je desire aussi quelquefois
A la raison faire une niche,
Et je caresse avec deux doigts
L'éclatante Rose d'Autriche,
Mais lorqu'un peu plus libertin,
L'amour exige quelqu'offrande,
Je viens serrer contre mon sein
La Rose double de Hollande. (*bis.*)

Au gré de mes heureux destins,
Le caprice seul est mon maître,
Et je fais souvent des larcins
A la Rose fraîche et *champêtre*;
Ne croyez pas que chaque jour,

Toutes les Roses je lutine,
Non, je ne fais jamais ma cour
Aux Roses qui sont sans épine.   (*bis.*)

Je n'aime pas plus, j'en conviens,
La Rose qu'on nomme épineuse,
Il ne nous faut d'excès en rien,
Pour que la course soit heureuse;
Et je cache au regard jaloux
La Rose dont Vénus fut mère,
Celle dont l'éclat vif et doux
Est bordé de mousse légère.   (*bis.*)

Mais toi seule orne mon séjour,
Belle et charmante mignature,
Petite Rose de l'amour,
Enfant gâté de la nature :
Viens ouvrir ton joli bouton,
Sois chez moi toujours souveraine;
En vóyant la Rose pompon,
Tes sœurs l'ont proclamée reine.   (*bis.*)

Hélas ! que dirais-je de toi,
Malheureuse Rose ridée,
Que tu vaus bien mieux, selon moi
Que cette Rose si musquée;
L'empreinte que laisse le tems
Est apparente innéfaçable;
Et plus l'on veut cacher ses ans
Moins on est sûre d'être aimable   (*bis.*)

Egalement dans mon jardin,
Je fais un cours sur la sagesse,
La Rose est un guide certain
Pour mon imprudente jeunesse;
Un jour par l'himen soucieux,
La joie m'alloit être ravie,
Rose jaune frappe mes yeux,
Et j'en perdis bientôt l'envie.   (*bis.*)

N 3

Je sais pourtant que la raison
Dit, qu'au milieu de la carrière,
On doit quitter le dieu frippon
Pour s'enchaîner avec son frère :
Eh bien, je donnerai mon cœur
A la douce et simple innocence ;
Et je trouverai le bonheur
Auprès d'une Rose de France.   (*bis.*)

XVIII.

Dans l'ile de Cypris si j'avois un bosquet,
    J'y cultiverois une Rose ;
Si dans le Champ - de - Mars je portois un mousquet ;
    Je me ferois nommer la Rose ;
S'il manquoit une Sainte au Ciel de Mahomet,
    Je dirois, prenez Sainte Rose.
S'il falloit un refrein pour un joli couplet,
    Je chanterois, cueillons la Rose.
Oui, tout est séduisant, tout intéresse et plait,
    Tout est charmant dans une Rose.
Pour orner la Bergère, en un simple corset,
    Que faut - il ? un bouton de Rose.
Si la pudeur s'unit par un si doux attrait,
    C'est sous l'emblême de la Rose.
Des vers d'Anacréon que n'ai - je le secret !
    J'immortaliserois la Rose.
Sur l'autel de l'Amour ma main ne brûleroit
    Que des pastilles à la Rose.
A Vénus chaque jour j'offrirois un bouquet,
    Et ce seroit toujours la Rose.
Peut - être enfin devrois - je a ce culte discret
    Quelque rêve couleur de Rose.

XIX.

Chanson allégorique sur le jardinage.

De tout tems le jardinage
Fut l'amusement du sage ;
J'en fais mon plus cher emploi ;
Il n'y a rien , je vous jure ,
Qui s'attache à la nature
Avec plus d'ardeur que moi.

Les arbrisseaux que j'élève
Sont des mieux garnis de sève ,
Bientôt ils donnent du fruit ,
Et la fleur la plus tardive ,
Sitôt que je la cultive ,
A l'instant s'épanouit.

J'ai banni de mes parterres
Deux fleurs que l'on n'aime guères ,
Le pavôt et le souci ;
Belle de nuit , marguerite ,
Chez moi sont des fleurs d'élite ;
La pensée y croît aussi.

Charmé de ma belle Rose ,
Sans me lasser , je l'arrose ,
Le matin comme le soir ,
Mais pour la vieille immortelle ,
Si-tôt que j'approche d'elle ,
Je détourne l'arrosoir.

Lorsqu'une charmille pousse ,
D'une main légère et douce
Je lui donne une façon ,
Toujours je plante et je sème ;
Mais mon plaisir est extrême
Lorsque je greffe un tendron.

Je fais pommer la laitue ,

N 4

Et la fais grossir à vue,
Dans la plus rude saison :
En tout tems ma main utile
Sur une couche fertile
Fait naître des cornichons.

Le vent, la grêle, l'orage,
Ne gâtent point mon ouvrage,
Jamais il ne dépérit,
En hiver, lorque tout gèle,
Malgré la bise cruelle,
Mon Rosier toujours fleurit.

J'ai soin d'une jeune plante
Qui dans sa beauté naissante
Fait ranimer les couleurs ;
Il n'est rien qu'elle n'enchante,
Les Dieux l'ont faite si charmante
Qu'elle efface jusqu'aux fleurs.

Mon plus joli jardinage
Est dedans le margotage ;
De tous les plus beaux œillets,
Au bas leur fais l'ouverture,
Pour ranimer la nature
Par la fente que j'y fais.

CHAPITRE XV.

Choix des plus belles pensées des Auteurs grecs, sur les Roses.

1. Lorsque vous serez dans le tombeau, dit Sapho, votre nom ne vous survivra point, et ne parviendra jamais à la postérité, vous n'aurez point cueilli de *Roses* sur le mont Pierius ; vous descendrez donc obscure, ignorée, dans le sombre palais de Pluton ; on vous oubliera entièrement quand vous serez descendue dans les ombres.

2. Couronnons nos coupes de feuilles de Roses, dit Anacréon, la Rose est la fleur des amans, parons-en nos têtes, buvons et rions avec une douce volupté ; la Rose est la plus belle des fleurs, elle fait tout le soin du Printems ; les Roses sont les délices des Dieux ; lorsque l'Amour danse avec les Graces, ses cheveux sont ornés de boutons de Roses, je vais donc me couronner et toucher ma lyre. J'irai donc, ô Bacchus! avec une jeune beauté au sein arondi, danser dans ton temple, le front ceint de plusieurs couronnes de Roses. (*Ode V.*)

2. Je veux chanter la saison nouvelle, couronnée de fleurs et la Rose printannière, (c'est toujours Anacréon ,) amis , secondez mes

chants : la Rose est le pur souffle des Dieux, la joie des mortels, le plus bel ornement des Graces, dans la saison fleurie des amours, et les plus cheres délices de Vénus ; elle fait tout le soin des poëtes ; les Muses la trouvent pleine de charmes ; on se plait à la cueillir au milieu des épines. Qu'il est agréable de tenir d'une main délicate cette fleur consacrée aux amours, et d'en respirer la douce odeur ! la Rose est délicieuse sur les tables, dans les festins et aux fêtes de Bacchus. Que peut-on faire de charmant sans les Roses ? Dans le langage des poëtes, c'est l'Aurore aux doigts de Roses, la Nymphe aux bras de Roses, et Vénus au teint de Roses. La Rose est utile aux malades, elle sert pour embaumer les morts, elle résiste au tems, elle conserve sa première odeur, ensorte qu'elle a des agrémens même dans sa vieillesse. Parlons maintenant de son origine. Lorsque la mer produisit de son écume ensanglantée la belle Vénus, et la montra toute éclatante sur ses flots tranquilles ; quant Pallas, qui aime le bruit des armes, sortit toute armée du cerveau de Jupiter, alors la Rose, cette fleur brillante et nouvelle embellit la terre ; tous les Dieux voulant contribuer au développement de cette fleur immortelle de Bacchus, l'arrosèrent de nectar, et aussi-tôt cette plante agréable s'éleva majestueusement sur sa tige épineuse. (*Ode LIII.*)

CHAPITRE XVI.

Pensées de différens Auteurs, sur les Roses.

DANS l'Anthologie, on lit les pensées suivantes sur la fragilité de la beauté, et en
effet, elle ne peut être mieux comparée qu'à
une Rose.

1. Si tu t'enorgueillis de ta beauté, con-
sidère avec quel éclat passager la Rose fleurit;
elle se fâne dans un instant, et dès l'instant
même, elle se trouve confondue avec ce qu'il
y a de plus vil : les fleurs et la beauté ont la
même durée, le tems envieux les flétrit également.

2. Je t'envoye, charmante Rodocle, une
couronne de fleurs brillantes que j'ai cueillies
moi-même; elle est composée du mélange
agréable de jeunes boutons de Roses, de lys,
d'anémones fraiches, de tendres narcisses,
de douces violettes ; ne sois point orgueilleuse
lorsque tes cheveux seront ornés de cette couronne, car la beauté, telle qu'une fleur printannière, brille, se fâne et se ternit souvent le même jour.

Un poëte, dans ses loisirs, s'exprime de
même au sujet de la beauté : belle nymphe,
dit-il, cueille des Roses pendant qu'elles sont
fraiches et nouvelles, et que tu es dans l'âge

des plaisirs ; mais souviens-toi que tes jours passent aussi rapidement que l'éclat et la beauté de ces fleurs.

Ce même poëte, en envoyant des Roses à Corine son amie : Reçois, dit-il, ô ma chère Corine, avec un sourire gracieux cette belle corbeille remplie de Roses odorantes. Cupidon les a cueillies lui-même de sa main délicate, je les lui demandois depuis long-tems, il vient enfin de me les envoyer. O présent agréable et précieux ! ô fleurs tendres et charmantes ! Tu peux, aimable Corine, en parer ton beau sein, ton sein d'albâtre ; tu peux en orner ta chevelure remarquable par ses boucles déliées et ondoyantes ; des cheveux entremêlés de boutons de Roses sont charmans ; un sein embelli par l'incarnat des Roses nouvelles, enchante les regards. ...

Mais rien ne l'emporte sur les pensées de Catulle, au sujet des Roses.

Une Rose solitaire, dit-il, ce que nous avons répété d'après lui, dans notre épître dédicatoire, épanouie à l'écart, ignorée des troupeaux, respectée du soc, caressée des zéphirs, vivifiée par le soleil, abreuvée des rosées, excite les désirs des jeunes filles et des jeunes garçons ; mais lorsqu'elle est cueillie et qu'elle a perdu sa fraicheur, elle cesse d'avoir pour eux des charmes : telle une vierge est chère aux siens, tant qu'elle conserve sa virginité, mais dès qu'elle a perdu cette fleur précieuse, les jeunes gens cessent de la trouver aimable, et ses compagnes de la chérir.

Arioste, dans son *Rolando furioso*, rend admirablement bien la pensée de Catulle : la jeune fille est semblable à la Rose : tandis que seule et ignorée elle repose dans quelques jardins sur son épine native, tandis qu'elle est à l'abri de la dent destructive des troupeaux, et de la main furtive des bergers, le doux zéphir, l'aube humide, l'onde, la terre, tout conspire à l'embellir, et la jeunesse folâtre aime à en orner et ses cheveux et son sein ; mais elle n'est pas plutôt détachée de sa tige maternelle et verdoyante, qu'elle perd le prix qu'elle avoit aux yeux des hommes, la bien-veillance du ciel, ses graces, sa beauté, et tout ce qu'elle pouvoit avoir d'agréable ; c'est ainsi qu'une jeune innocente qui se laisse ravir cette fleur précieuse, qui doit lui être plus chere que les yeux et la vie, perd tous les avantages dont elle pourroit jouir, jusqu'à l'attachement que ses autres amans pourroient avoir pour elle.

La même pensée se trouve encore développée dans le *Pastor fido*, Acte premier, Scène quatre. » La Rose vermeille, qui long-tems cachée dans un jardin, sous un vert feuillage repose durant la nuit, solitaire et ignorée

sur sa tige maternelle, s'élève fraiche et brillante, aussi-tôt qu'elle voit briller vers l'o-
rient les rayons du soleil ; elle entr'ouvre aux
regards de ce Dieu charmé ses pétales ver-
meils et odorans ; sur lesquels la diligente
abeille vient en bourdonnant succer les pleurs
de l'aurore ; mais pour lors, si une main dis-
crette ne prend pas soin de la cueillir, si sur
sa tige desséchée elle ressent la chaleur du
milieu du jour, l'étoile brillante du berger la
trouve le soir sans couleur et sans vie ; le
voyageur étonné ne sait plus si c'est une Rose : telle est une jeune vierge, tandis que sous
la garde d'une mère tendre et vigilante, elle
ferme son cœur aux amoureux desirs ; mais si
les regards voluptueux d'un jeune amant
portent dans ses sens tous les feux de l'amour,
dès lors, sage et craintive, elle se voit forcée
de dérober à tous les yeux les cruels tourmens
qu'elle endure, l'infortunée ! elle se consume,
perd sa beauté, et pour jamais s'envole loin
d'elle la saison fleurie des amours.

Jauffret, auteur moderne, dans ses charmes de l'enfance, fait des comparaisons mer-
veilleuses de la Rose avec la jeunesse.

Un enfant n'est jamais plus beau que sur le
sein de sa mère, ainsi la jeune Rose n'est
jamais plus fraiche que sur la branche du
Rosier.

Une jeune fille ne perd rien à être modeste,

c'est un jeune bouton de Roses qui n'a pas encore déchiré tous ses voiles.

Pourquoi la Rose est-elle regardée comme la reine des fleurs ? c'est autant par la douceur de son parfum, que par la grace de ses formes et la vivacité de ses couleurs : ainsi il n'est rien de plus aimable sur la terre qu'un enfant beau et vertueux.

Un enfant sent l'aiguillon des douleurs avant de pouvoir goutter la faveur des plaisirs : tel un jeune Rosier porte des épines avant même de produire des fleurs.

Vois cette jeune Rose, les vents ont beau soufler, ils ne peuvent lui enlever son doux parfum : apprends ainsi, ô mon fils ! à conserver tes vertus, au milieu des agitations de la vie.

Les pensées suivantes ne sont pas moins nouvelles.

Vieillard, ne songe plus à l'amour, souviens-toi que le vent du soir ne fait pas éclorre les Roses ; leur calice vermeil ne fleurit qu'au zéphir du matin.

La pudeur doit défendre la beauté, comme l'épine défend la Rose : l'une et l'autre n'ont plus de prix, quand elles perdent leur fidèle gardien, que leur donna la nature.

Jeunes filles, qu'un seul amant possède votre cœur ; la Rose vit à peine un jour, parce qu'elle accueille tous les zéphirs.

Belle Aglaé, si l'amour compare ta fraicheur à celle de la Rose, écoute aussi la voix de la sagesse, qui te montre dans la fragilité de la reine des fleurs, l'image trop fidelle de ta fugitive beauté.

Quand la Rose vermeille s'entr'ouve aux premiers rayons du jour, les zéphirs viennent en foule caresser la pourpre de son sein ; ils reviennent le soir, mais la Rose est déjà flétrie ; les cruels, voltigeant autour d'elle, se plaisent alors à détacher ses feuilles décolorées, et les gouttes de rosée entraînent celles qu'épargne leur perfidie : telle une jeune fille, qui n'a d'autre mérite que sa beauté ; elle voit à ses pieds mille adorateurs, tantqu'elle est dans la saison fleurie des amours ; mais l'âge vient-il ternir sa fraicheur, alors ces mêmes amans insultent à la perte de ses charmes ; l'imprudente sèche de douleurs, et les larmes que des ingrats lui font répandre, semblent encore hâter l'ouvrage des années.

Nous ne finirions jamais si nous rapportions toutes les jolies choses que les auteurs de tous les tems, pays et nations, ont écrit et débité sur ces jolies fleurs ; d'ailleurs nous nous sommes suffisamment étendus sur ce qui les concerne, tant pour leur culture, leur description, leurs synonimies, que pour leurs différentes propriétés ; nous osons même avancer que notre Monographie sur la Rose est la plus complette qu'on puisse désirer.

MONOGRAPHIE

MONOGRAPHIE

DE

LA VIOLETTE,

CONSIDÉRÉE

SOUS SES ASPECTS D'UTILITÉ

ET D'AGRÉMENT.

O

AVIS DE L'ÉDITEUR.

Les Amateurs de Plantes curieuses par la beauté de leurs fleurs, trouveront à la suite de cette Monographie, la description d'une Plante de la Chine, nouvellement introduite en France, sous le nom d'Hortensia, publiée depuis peu par le même Auteur.

MONOGRAPHIE

DE

LA VIOLETTE.

INTRODUCTION.

La Violette est une de ces plantes qui, quoique modeste et même simple grisette, entre les fleurs, cachée et couverte en quelque sorte par ses feuilles, n'en mérite pas moins notre attention ; elle est aussi précieuse qu'aucune autre fleur aux yeux des botanistes : si par l'éclat et la vivacité de ses couleurs, elle n'attire pas tous les regards, si elle n'embellit pas nos jardins, elle les parfume, et son odeur excite en nous une sensation dés plus agréables ; ce petit chef-d'œuvre n'a pas moins couté au créateur que toutes les autres productions, qui méritent de la reconnoissance de notre part. Nous donnerons ci-après la description générique de la Violette, et nous rapporterons aussi ses differentes espèces, qui sont en assez grand nombre ; il s'en trouve dont les fleurs sont d'un jaune clair, d'un verd de mer, blanches, pourprées ; quelques

unes sont composées de cent feuilles qui se re-
plient les unes sur les autres ; on en voit encore qui démentant en quelque sorte leur ra-
ce, s'élèvent très-haut, ont des couleurs
tranchantes, le haut et les bords pourprés,
blanches dans le milieu, dorées vers le bas :
ces petites étoiles odoriférantes font voir
dans leur émail, l'argent, le pourpre, l'or et
le saphir ; c'est de ces fleurs, que les jardiniers
nomment pensées, dont nous voulons parler,
en les désignant ainsi ; mais parmi toutes les
différentes espèces de violettes dont il sera
parlé ci après, celle de mars occupe sans
contredit le premier rang, elle est même la
seule qui mérite d'être ainsi nommée ; elle se
montre dans les premiers jours du printems ;
sa fleur est à cinq pétales ; sa couleur est
pourprée, et a beaucoup de rapport avec les
fleurs en papillon, quoiqu'elle n'en soit
pas ; mais ses feuilles sont arrondies également du côté opposé au pédicule qui les sou-
tient, et qui s'élève de sa racine, et sont d'un
vert agréable ; il en pousse un si grand nombre qu'elles en déroberoient souvent la fleur,
si le parfum qu'elle exhale ne la trahissoit.

La sagesse de la nature se découvre dans
toutes ses opérations ; cette grande touffe de
feuilles est nécessaire pour modérer l'ardeur
du soleil, qui bientôt déssecheroit la fleur ;
elle est aussi nécessaire pour conserver le

fruit, et même sans ce secours, cette plante seroit toujours stérile.

La fleur de Violette, quand elle se trouve renfermée dans son calice, est d'un blanc verdâtre, elle devient ensuite d'un bleu céleste, après quoi elle se change en pourpre, et la fleur se trouve pour lors dans sa perfection. Mais quelle peut être la cause de ce changement, et d'où peut dépendre la couleur qui en est le terme ? C'est une question que s'est proposée un savant du siècle dernier, (d'Orbessan); voici comme il y satisfait.

» La Violette, dit-il, est une plante émolliente et résolutive ; elle adoucit l'âcreté des humeurs, elle tempère, rafraichit et rappelle le sommeil ; ces propriétés connues, il en resulte que la sêve de cette plante doit avoir beaucoup de parties flexibles, connues chez les chymistes sous le nom de *parties huileuses* ou *soufrées* ; lorsque la violette est reserrée dans son calice, les fleurs sont pliées et resserrées l'une sur l'autre ; la sêve qui les nourrit alors n'est qu'une espèce de sérosité, dépourvue de ses parties pliantes et flexibles ; insensiblement les feuilles se développent, d'autant que les fibres grossissent et s'étendent ; le suc devient onctueux, d'insipide, de séreux qu'il étoit ; dès que la fleur est totalement épanouie, le liquide qui lui sert de nourriture y roule librement, s'y brise, s'y cuit, c'est l'instant où l'odeur se fait sentir dans toute sa force, et pour lors la fleur répand au loin son parfum délicieux. Toutes ces différentes altérations qui arrivent à la violette, disposent vraisemblablement d'une manière différente plusieurs de ses parties; quelques unes restent dans leur état primitif, conservent la propriété qu'elles ont eue d'abord de réflechir la lumière, sans la modifier, telle est la disposition des corps blancs; quelques autres devenues flexibles sont si poreuses, qu'elles absorbent les rayons qui tombent sur leurs surface, ou leur font perdre le mouvement; les autres, enfin, écharpiées et frisées, ont acquis la disposition particulière aux corps, qui nous font voir un rouge éclatant; par conséquent il se trouve dans la Violette des parties qui réfléchissent la lumière, comme les corps blancs; d'autres qui l'amassent ou l'absorbent, comme les corps noirs; d'autres enfin qui la modifient, ainsi que les corps rouges : de la proportion qui règne dans ce mêlange, résulte le pourpre ou le violet de cette fleur.

Pour prouver l'explication de ce phénomène, rien n'est plus facile, l'expérience le démontre; mêlez ensemble du blanc d'Espagne, du noir de fumée et du carmin; il se formera de l'union de ces trois couleurs une quatrième qui sera pourprée; peut-être ne sera-t-elle pas si belle que celle de la violette; les proportions en sont difficiles à saisir, mais en approcher, c'est atteindre la verité.

On pourroit, ajoute d'Orbessan, nier dans la Violette l'existence des parties blanches, noires et rouges, mais rien n'est plus facile que de le démontrer, et en effet, personne ne peut contester que la Violette n'ait des parties blanches, puisque renfermée et serrée dans son calice, elle est de cette couleur : si elle en a, ne paroît-il pas vraisemblable que quelques unes de ces parties restent dans le premier état, sans être altérées, tel qu'on le remarque souvent dans nos alimens? Cette existence une fois admise, celle des parties noires n'est pas moins admissible. Qu'on examine, dit d'Orbessan, les altérations que la Violette éprouve, et l'on y trouvera de quoi se convaincre de l'existence de celle-ci, de même que des premières ; à mesure que les fleurs de la violette s'épanouissent, leur tissu devient plus rare, les pores s'aggrandissent, la fleur commence à répandre son parfum ; mais qui ne sait pas que les odeurs ne se font sentir que par des corpuscules qui s'échappent des corps odoriférans? Et qu'en doit-on induire si-non que dès que les parties de la sève ont été plus brisées, les pores de la fleur se sont plus ouverts ; cette disposition augmente à mesure qu'elle approche de sa perfection ;

son suc nourricier est pour lors plus raffiné, ses parties solides sont flexibles ; la fleur aura donc des parties qui absorberont les rayons de la lumière, et qui en émousseront l'action, en raison de leur trop grande souplesse, par conséquent elle aura des parties noires.

Les parties rouges, dans le système de d'Orbessan, ne doivent pas être plus difficiles à démontrer ; il trouve dans les violettes des matières onctueuses, qu'on nomme soufres ; ces soufres nourrissent le suc de la plante ; quand la fleur est dans sa perfection, ils sont extrêmement écharpiés, la douceur de son parfum en est une preuve ; des soufres brisés par des alkalis volatils, mêlés et agités ensemble, produisent le plus souvent des odeurs suaves, et pour que cette odeur se rencontre dans la violette, les soufres et les alkalis extrêmement volatilisés doivent y dominer, par conséquent il doit s'y trouver des parties rouges : car, qu'on prenne des soufres et des alkalis, qu'on les mêle bien ensemble, qu'on les fasse bouillir dans une certaine quantité d'eau, la liqueur deviendra rouge ; la nature produit le même effet dans la violette, elle cuit dans la sérosité de la sêve de cette fleur, des alkalis et des soufres ; il doit donc résulter de cette opération, une teinture dans la plupart des parties de la violette. Ce système est très-ingénieux, et développe du moins passablement le méchanisme de la couleur de cette fleur, que la nature a choisie exprès pour faire éclater la délicatesse de son pinceau, et pour semer les riches couleurs destinées à border le manteau du printems, quand se voyant délivrée des cruautés de l'hiver, après une longue captivité, elle prend plaisir à s'épanouir, bigarrant de cent fleurs la surface de la terre.

Les Grecs et les Latins ont puisé dans la fable d'Io, pour donner le nom de cette fleur. Io, changée en génisse, se nourrissoit de Violettes, préférablement à toutes autres fleurs. Mais laissons la fable et la belle théorie de d'Orbessan, pour en venir à notre Monographie: nous rapporterons néanmoins auparavant, le fameux madrigal de Desmarest, sur la Violette, inséré dans la Guirlande de Julie, manuscrit faisant partie de la bibliothéque du ci-devant duc de la Valière, sur laquelle l'Abbé Rive a fait une dissertation, rapportée dans notre Nature considérée, année 1780, T. 2. deuxième partie, p. 75.

Modeste en ma couleur, modeste en mon séjour,
Franche d'ambition, je me cache sous l'herbe :
Mais si sur votre front je puis me voir un jour,
La plus humble des fleurs sera la plus superbe.

CHAPITRE PREMIER.

De la description générique de la Violette, et de ses différentes espèces.

LA Violette, *Viola*, est une plante dont le calice est à cinq feuilles ; la corolle est composée de cinq pétales irréguliers, postérieurement en corne ; sa capsule est supérieure, avec trois valves et une loge. Linnée a placé cette plante dans sa dix-neuvième classe, qui comprend les plantes dont la génération est réunie, c'est-à-dire, dont les étamines sont réunis par leurs anthères, rarement par leurs filets, et du sixième ordre de cette classe destiné aux plantes sans fleurons, telle que la Violette. Gmelin, dans l'édition qu'il a publiée du systême sexuel de Linnée, a transféré cette plante dans la classe des pentandriques, et dans l'ordre des monogyniques. Suivant Jussieu, dans son systême naturel, les plantes qui composent le genre de la Violette sont herbacées, rarement frutescentes : les feuilles sont alternes, munies de stipules, les péduncules axillaires, uniflores ; la fleur est souvent renversée ; le calice est à cinq divisions aiguës, prolongées au-delà de leur base ; les pétales de la corolle sont au nombre de cinq, ainsi que nous l'avons déjà dit ;

le supérieur est plus grand, éperonné à sa base; les étamines sont au nombre de cinq, les filamens sont distincts, deux appendicules à leur base, et pénétrant dans l'éperon du pétale supérieur ; les anthères sont réunies au tube, membraneuses à leur sommet ; le style est simple, engaîné par le tube formé par la réunion des anthères, saillant ; le stigmate est aigu ou urcéolé ; la capsule est trigône, uniloculaire, trivalve, polysperme ; les semences sont attachées le long du milieu des valves, par des cordons ombilicaux ; le périsperme est charnu, l'embrion est droit, les lobes sont orbiculaires, la radicule est inférieure ; ce genre fait partie de la treizième classe du systême naturel, destinée aux plantes dicotyledones monopétales, à étamines hypogynes, et du douzième ordre de cette classe, qui comprend les cistoïdes.

Linnée en distingue vingt-huit espèces dans sa dernière édition publiée par Person, et il divise ce genre en quatre sections, en Violettes sans tige, en Violettes à tige, en Violettes a stipules pinnatifides et à stigmate tricolor, enfin en Violettes à fleurs droites et non retournées.

La première espèce de la première section, est la Violette palmée. *Viola palmata.* Elle est sans tige ; ses feuilles sont palmées, à cinq lobes, dentées et sans division. Elle croît dans la Virginie.

La seconde espèce est la Violette pédicu-lée. *Viola pedata.* Cette Violette est sans tige, ses feuilles sont pédiformes, en sept parties ; elle est vivace et indigène à la Virginie.

La troisième espèce est la Violette aîlée. *Viola pinnata.* Elle est sans tige, à feuilles découpées profondément, comme aîlées ; elle est vivace, croît dans la Sibérie et sur les Alpes de la Suisse.

La quatrième espèce est la violette lancéo-lée. *Viola lanceolata.* Elle croît dans le Canada ; elle est sans tige, ses feuilles sont lancéolées, crénelées.

La cinquième espèce est la Violette à feuilles de prime-vere. *Viola primulifera.* Elle est originaire de Sibérie et n'a point de tige ; ses feuilles sont oblongues, comme cordiformes, et ont les pétioles membraneux.

La sixième espèce est la Violette hérissée, la Violette velue. *Viola hirta.* Elle croît aux environs de Paris, de Lyon, en Suède. Ses feuilles sont en cœur, velues, hérissées, à pétioles velus, sans tige ; les fleurs sont sans odeur ; la racine sort de terre, est épaisse, noueuse ; les péduncules naissent des racines, sont creusés en demi-canal, sur le dos, au-dessus des bractées ; le pétale cornu est échan-cré.

La septième espèce est la Violette des marais. *Viola palustris.* Cette espéce est sans tige, ses feuilles sont réniformes, lisses ; ses fleurs sont petites, d'un blanc clair ; elle est vivace et croît aux environs de Paris, de Lyon et en Pologne.

La huitième espèce est la Violette odorante. *Viola odorata.* C'est la plus commune et la plus en usage, nous nous attacherons en conséquence à en donner ici une description exacte. Sa racine est fibreuse, sarmenteuse, stolonifère, rampante; sa tige a quelques pouces, ou plutôt c'est une espèce de hampe cylindrique, anguleuse ; les péduncules des fleurs partent de la racine ; on remarque des petites stipules qui naissent deux à deux ; ses feuilles sont cordiformes, arrondies, un peu velues en-dessous, dentées en leurs bords, radicales, pétiolées ; les fleurs sont anomales, à cinq pétales inégaux, dont l'arrangement a quelque ressemblance avec celui des papillonacées; le supérieur droit, grand, échancré, terminé à sa base par un nectair obtus et recourbé ; les deux latéraux opposés, obtus, droits ; les deux inférieurs grands, réfléchis en-dessus ; le calice petit et divisé en cinq pièces ; la corolle violette pour l'ordinaire, quelquefois blanche ; le fruit est une capsule ovale, à trois côtés, uniloculaire, trivalve, contenant plusieurs semences ovoïdes.

Leers a décrit un singulier monstre de cette

espèce, dont les fleurs plus grandes offroient cinq pétales rapprochés en cloche ; produisant chacun un éperon par leur báse, qui imitoient par leur ensemble la fleur de l'ancholie.

La neuvième espèce de Violette et la première de la seconde section, est la Violette sauvage. *Viola canina.* Sa tige est couchée, et se relève lorsqu'elle produit des fleurs ; ses feuilles sont oblongues, en cœur, lisses ; ses stipules sont dentés et à cils ; ses fleurs sont sans odeur, bleues, à nectair blanc ; il s'en trouve de totalement blanches. Elle croît aux environs de Paris, de Lyon, et par toute l'Europe, de même que les trois espèces précédentes, elles sont également vivaces.

La dixième et la seconde de la deuxième section, c'est-à-dire, à tiges, est la Volette des montagnes. *Viola montana.* Ses tiges sont droites, ses feuilles sont en cœur, allongées ; ses stipules sont à demi-aîlés ; ses fleurs sont axillaires, bleues ou blanches ; elle est vivace, croît aux environs de Paris et par toute l'Europe.

La onzième est la Violette du Mont-Cénis. *Viola Cenisia.* Elle croît sur le Mont-Cénis, et sur les Alpes en général ; elle est vivace ; ses tiges sont filiformes, sans division, rampantes ; ses feuilles sont ovales, très-entières, glabres ; ses stipules sont sans division.

La douzième est la Violette du Canada. *Viola Canadensis.* Son nom trivial indique assez l'endroit où elle croît : sa tige est relevée, ses feuilles sont cordiformes, aiguës.

La treizième est la Violette admirable. *Viola mirabilis.* Elle est vivace et est indigène à l'Autriche ; sa tige est triangulaire ; les feuilles sont en reins, cordiformes ; ses fleurs sont caulinaires, apétales.

La quatorzième est la Violette à deux fleurs. *Viola biflora.* Sa tige est foible, haute de trois pouces, porte une ou deux fleurs petites, jaunes ; ses feuilles sont pétiolées, en reins ; ses dents sont obtuses, ses péduncules sont longs, ses stipules sont lancéolés. Cette espèce est vivace, croît sur les Alpes, et sur les montagnes du Dauhpiné.

La quinzième est la Violette à une fleur. *Viola uniflora.* Sa tige est uniflore ; on ne remarque qu'une seule fleur jaune, sur un péduncule court ; ses feuilles sont reniformes, dentées en scie ; elle est vivace et croît en Sibérie.

La seizième espèce est la Violette couchée. *Viola decumbens.* Sa tige est couchée, ses feuilles sont linéaires, serrées.

La dix-septième et la première de la troisième section, c'est-à-dire, de celle qui comprend les Violettes dont les stipules sont pinatifides, et le stigmate urcéolé, est la Violette à trois couleurs, *Viola tricolor*, la Violette pensée ; sa tige est diffuse, lisse, à trois angles ; ses feuilles sont oblongues, découpées ; ses fleurs sont axillaires, blanches, jaunes et d'un violet foncé ; il s'en trouve à grande et à petite corolle, à tige droite ou couchée. Elle croît naturellement par toute l'Europe, aux environs de Paris, de Lyon, de Nancy et ailleurs.

La dix-huitième est la Violette à grandes fleurs. *Viola grandiflora*. Elle est originaire d'Angleterre ; on en trouve aussi sur les Alpes, les Pyrennées et les montagnes d'Angleterre ; elle est vivace ; sa tige est triangulaire, simple, haute, rameuse, feuillée ; ses feuilles sont oblongues, ses stipules sont pinnatifides ; ses fleurs sont très-grandes, jaunes, à pétales ovales, de la longueur des feuilles, à éperons deux fois plus longs que le calice, mais plus courts que les pétales. Cette espèce ressemble beaucoup à la Violette éperonnée ; l'une et l'autre pourroient bien être considérées comme une dégénération de la pensée.

La dix-neuvième est la Violette éperonnée. *Viola calcarata*. Ses tiges sont hautes, rameuses ; ses feuilles sont oblongues ; ses fleurs sont très-grandes, dont l'éperon est deux fois plus long que le calice. Cette espèce croît sur les montagnes des Pyrennées, et sur celles du Dauphiné.

La

La vingtième est la violette cornue. *Viola cornuta*. Sa tige est allongée, ses feuilles sont oblongues, ovales ; ses stipules sont comme aîlés, pinnatifides ; ses éperons sont en alêne, plus longs que la corolle. Cette espèce a beaucoup d'affinité avec la Violette précédente ; cependant sa tige est plus longue, ses pétales oblongs sont plus petits que les feuilles qui sont plus allongées que dans l'éperonnée. Elle croît sur les montagnes des Pyrennées.

La vingt - unième espèce est la Violette en arbre. *Viola arborescens*. C'est un petit arbrisseau rameux, la tige est par conséquent ligneuse ; les feuilles sont lancéolées, très-entières ; la fleur est inodore. Il est indigène à l'Espagne.

La vingt-deuxième et la première de la quatrième section, qui comprend les Violettes à fleurs droites et non retournées, est la Violette ennéasperme. *Viola enneasperma*. La tige de cette espèce est très - rameuse à la base ; les feuilles sont lancéolées, linéaires, très-entières, distantes ; les calices sont égaux postérieurement. Cette espèce est vivace et croît dans les Indes.

La vingt-troisième et toujours de la même section, est la Violette en sous-arbrisseau. *Viola suffructicosa*. La tige de cette espèce est couchée ; ses feuilles sont lancéolées, comme dentées ; serrées ; les calices sont égaux postérieurement. Elle est vivace et croît communément dans les Indes.

La vingt-quatrième est la Violette calcéolaire. *Viola calceolaria.* La tige de cette espèce est simple, hérissée, herbacée ; ses feuilles sont lancéolées, poilues ; ses fleurs sont solitaires. Cette espèce est vivace et croît à Cumane.

La vingt-cinquième est la Violette à feuilles opposées. *Viola oppositifolia.* Elle est pareillement vivace et croît dans le même endroit que la précédente ; sa tige est sous-ligneuse, branchue ; ses feuilles sont opposées ; ses fleurs sont en grappe.

La vingt-sixième est la Violette hybanthe. *Viola hybanthus.* Cette espèce est arborescente, grimpante, aiguillonée ; ses feuilles sont oblongues, obtuses, glabres. Elle croît dans l'Amérique méridionale, ses péduncules sont multiflores.

La vingt-septième est la Violette ipécacuanha. *Viola ipecacuanha.* Elle vient naturellement au Brésil. C'est de cette plante, suivant plusieurs auteurs, qu'on tire l'ipécacuanha blanc. Elle est vivace ; ses feuilles sont ovales, poilues à la marge et en-dessous.

La vingt-huitième est la Violette diandrique. *Viola diandra.* Elle est indigène dans l'Amérique. Sa tige, qui est filiforme et herbacée, grimpe en serpentant sur les corps voisins ; ses feuilles sont oblongues, ses péduncules sont uniflores.

A ces vingt-huit espèces, on peut en ajouter une vingt-neuvième, qui est la Violette de Rouen. *Viola Rhotomagensis.* Elle croît sur le Mont-Adrien, à deux lieues de cette ville. Sa tige est rampante, ses pétales sont très-hérissés de poils blancs.

Gmelin, dans l'édition qu'il a publiée du système des végétaux de Linnée, en rapporte seize nouvelles espèces qui, jointes aux vingt-neuf précédentes, forment un total de quarante-cinq espèces.

La première de ces seize nouvelles espèces est la Violette sagittée. *Viola sagittata.* Elle se cultive dans les jardins de Kew, en Angleterre, de même que les deux suivantes. Les feuilles de cette espèce sont oblongues, aiguës, cordées, sagittées, à dents de scie, découpées par leur base ; ses fleurs sont renversées.

La seconde espèce est la Violette en capuchon. *Viola cucullata.* Ses feuilles sont en forme de cœur, un peu aiguës, glabres, en capuchon par leur base ; les fleurs sont renversées, les pétales sont fléchis obliquement.

La troisième est la Violette oblique. *Viola obliqua.* Ses feuilles sont en cœur, aiguës, planes, glabres ; ses fleurs sont droites, les pétales sont réfléchis obliquement.

La quatrième espèce est la Violette cordée. *Viola cordata.* Ses feuilles sont en forme de cœur, ses drageons sont rampans.

La cinquième est la Violette velue. *Viola villosa.* Ses feuilles sont velues, ovales, en forme de cœur. Walter a découvert ces deux espèces dans la Caroline.

La sixième espèce est la Violette de Kroker, *Viola Krokeri.* Ce botaniste a découvert cette espèce dans la Silésie ; ses feuilles sont en forme de cœur, réniformes ; ses fleurs sont corollées.

La septième espèce est la Violette naine. *Viola pumila.* Elle croît dans le Dauphiné. Villars en a fait mention dans la Flore de cette province ; sa tige est droite, ses feuilles sont ovales, ellyptiques, crénelées, glabres, ayant des stipules à dents de scie.

La huitième espèce est la Violette serrée. *Viola stricta.* Sa tige est droite, à demi-cylindrique ; ses feuilles sont ovales, en forme de cœur, aiguës, en dents de scie ; les stipules sont lancéolés, ciliés, à dents de scie.

La neuvième espèce est la Violette poileuse. *Viola pubescens.* Sa tige est droite, velue, cylindrique ; ses feuilles sont en forme de cœur, aiguës, poileuses ; ses stipules sont oblongs, à petites dents de scie au sommet. On cultive ces deux espèces dans les jardins de Kew, en Angleterre.

La dixième espèce est la Violette riphée. *Viola riphæa*. Ses feuilles inférieures sont orbiculées, les supérieures sont lancéolées, découpées en dents de scie ; les péduncules sont axillaires. Cette espèce croît dans la Silésie.

La onzième espèce est la Violette à feuilles de numulaire. *Viola nummularifolia*. La tige de cette espèce est courte, à deux fleurs ; les feuilles sont rondes, crénellées ; les stipules sont lancéolés, à dents de scie. Cette espèce se trouve dans le Piémont.

La douzième espèce est la Violette tombante. *Viola procumbens*. La tige est tombante, très-courte ; ses feuilles sont lancéolées, obtuses, à dents de scie, très-fânées. Cette plante est originaire de la Silésie.

La treizième espèce est la Violette des champs. *Viola arvensis*. Les feuilles sont ovales, oblongues, dentées ; les corolles sont égales au calice qui est hérissé.

La quatorzième espèce est la Violette à stipules. *Viola stipularis*. Sa tige est simple, traçante ; ses feuilles sont ovales, lancéolées, crénellées, glabres ; ses stipules sont à cils ; les péduncules sont solitaires, terminaux.

La quinzième espèce est la Violette à petites fleurs. *Viola parviflora*. Les tiges sont écartées, frêles, polyphylles ; les feuilles sont ovales, pétiolées, à dents de scie ; les fleurs sont axillaires, solitaires.

La seizième et dernière espèce est la Violette Itubu. *Viola Itubu.* Ses feuilles sont ovales, aiguës, à petites dents et à tiges rameuses, cotoneuses. Aublet a découvert cette espèce dans la Guiane française.

Parmi ces quarante-cinq espèces de Violettes, il s'en trouve sur-tout trois qui sont de la plus grande utilité dans l'économie champêtre et dans la médecine ; la Violette odorante ou de mars, la Violette pensée et la Violette ipécacuanha, et encore parmi ces trois, la Violette odorante est celle qui est la plus usitée. Nous traiterons de ces trois Violettes et de leurs propriétés dans des chapitres particuliers. On rencontre souvent sur la Violette odorante un papillon, que Linnée nomme *papilio rex*, papillon roi. Il en est fait mention dans le *Fauna Suecicus* de cet auteur.

CHAPITRE II.

De la Violette odorante , de ses propriétés médicinales , alimentaires et autres , specialement de la nouvelle vertu qu'on vient de lui découvrir , comme purgative et vomitive.

LA Violette odorante est indigène en France; cependant on la cultive dans les bosquets et les plates-bandes ombragées, pour avoir le plaisir d'en recueillir les fleurs; on a gagné la Violette double par la culture; on multiplie facilement la Violette commune, en divisant ses racines, ce qu'on peut faire en deux saisons; on les transplante néanmoins pour l'ordinaire à la St. Michel, pour que les jeunes plantes puissent pousser de nouvelles racines avant l'hiver; on en garnit les bords des allées et les grandes plantations; dans les jardins, on les transplante dès que les fleurs sont passées; elles ont par ce moyen tout le reste de l'été pour croître et acquérir de la force; on aura soin de les arroser, pour leur faire prendre racine; on les plante à une distance raisonnable les unes des autres, pour qu'elles puissent s'étendre; on ne les replante que chaque deux ou trois ans. Les Violettes simples se multiplient aussi par graines; on les seme aussi-tôt qu'elles sont mûres, vers la fin du mois d'avril ; les plantes paroissent au printems suivant, et lorsqu'elles sont en état d'être enlevées, on les transplante dans des plates-bandes à l'ombre, où on les laisse jusqu'en automne, pour les placer à demeure et à découvert : c'est par la graine qu'on obtient les variétés doubles, blanches, bleues, pourpres, etc.

La Violette possède deux qualités, celle qui dépend de son parfum agréable, qui la rend narcotique, propre au traitement des maladies de poitrine, des catarres et de la plevrésie ; l'huile de Violettes est spécialement très-bonne dans ces cas ; l'odeur de cette fleur est même si pénétrante, qu'une simple application de Violettes imprègne l'urine de leur odeur. Une demoiselle de qualité est morte pour avoir ramassé une quantité de ces fleurs dans sa chambre, ce qui n'est pas seulement propre aux fleurs de Violettes, mais aux fleurs de toutes les plantes, qui corrompent l'air, et peuvent le rendre funeste à ceux qui se trouvent renfermés dans la chambre où elles sont accumulées.

L'autre qualité, que les Violettes réunissent à la première, est d'être laxatives et émollientes ; son syrop, ses fleurs séchées, ses feuilles, son suc, sa semence, en sont entièrement douées ; leur décoction a une saveur vraiment agréable et mucilagineuse. Duhamel dit que ses feuilles donnent beaucoup de sel volatil ; l'eau qu'on distille de ses fleurs n'en a point le parfum : l'infusion théiforme de ses feuilles est gluante, désagréable, mucilagineuse, et un peu âcre au goût ; elle ne rougit point les sucs bleus ; elle est savoneuse et émolliente. Prevôt fixe la dose des feuilles de Violette, pour purger, à deux gros ; les sèches sont plus purgatives que les fraiches. Saladin prescrit le suc comme purgatif, à la dose de deux onces, et Hoffman donne la semence à la dose d'un gros, dans les convulsions : cette dernière passe, en raison de sa vertu émolliente, pour être propre à faciliter l'écoulement des urines. Le syrop de Violettes est très-bien indiqué pour appaiser la soif, diminuer l'ardeur de la fièvre, calmer la toux, les douleurs de calcul, lacher le ventre des enfans : les racines des Violettes prises en décoction, à la dose de deux ou trois gros, purgent par haut et par bas ; quelques uns y ajoutent vingt grains de sel d'absynthe, pour en tirer une plus forte teinture ; on fait entrer les feuilles de Violettes, dans les décoctions émollientes et laxatives, dans les lavemens ordinaires et les fomentations adoucissantes ; les fleurs sont mises au nombre des fleurs cordiales, sans néanmoins aucune raison, puisqu'elles sont plutôt rafraichissantes et légèrement purgatives. Les pharmacopées donnent la dispensation de trois sortes de syrop de Violettes ; nous n'en rapporterons ici que celle que nous a donné Baumé dans ses élémens de pharmacie.

Prenez fleurs de **Violettes**, deux livres ; eau bouillante deux livres ; sur dix-sept onces d'infusion de fleur de Violette, on met sucre concassé, deux livres ; on pile très légérement dans un mortier de marbre, avec un pilon de bois, les fleurs de Violettes mondées de leurs queues et de leurs calices ; on les met dans une cucurbite d'étain d'étroite ouverture, on verse par-dessus l'eau bouillante, on bouche exactement la cucurbite, et on la tient dans un endroit chaud, pendant douze heures ; on passe pour lors cette infusion au travers d'un linge fort et propre ; on exprime le marc à la presse ; on laisse l'infusion tranquille, pendant environ une demie-heure ; on la décante par inclinaison, pour en séparer une légère fécule qui s'est précipitée ; on passe cette infusion, on la met dans le bain-marie d'étain d'un alambic, et pour dixsept onces d'infusion, on employe deux livres de sucre concassé ; on fait chauffer le tout au bain-marie, jusqu'à ce que le sucre soit entièrement dissout ; on remue de tems en tems le syrop, pour accélérer la dissolution du sucre, et on tient le vaisseau fermé, afin qu'il ne se fasse point d'évaporation ; lorsque

le sucre est entièrement refroidi, on le passe
au traves d'une étamine blanche, et on le
serre dans des bouteilles de pinte, qu'on
bouche bien : ce syrop doit donner au pèse-
liqueur trente-trois dégrés, lorsqu'il est
chaud, et trente-cinq, lorsqu'il est froid ; il
convient dans les cas ci-dessus indiqués.

Si l'on en croit Etmuller, Timacus pré-
paroit une conserve laxative très-bonne, avec
les fleurs de Violettes ; il donnoit pour lors
à la manne la consistance de conserve, après
l'avoir fondue dans leur suc ; une pareille
évaporation convient très-fort à ceux qui
ont le ventre paresseux ; on peut la prescrire
à la dose d'une demie-once ou environ ; c'est
aussi avec les fleurs de Violette qu'on prépare un ratafia, dont on fait un grand cas
pour relacher : le miel violat se prépare aussi
par leur moyen.

Nous nous sommes servis avec succès des
semences de Violettes, dans la colique néphrétique, dans la rétention d'urine et dans
d'autres maladies, dans lesquelles on nepeut
purger qu'en adoucissant : nous faisions
piler à cet effet une once ou une once et demie de ces semences dans un mortier ; en
versant peu-à-peu par-dessus, six onces d'eau
de chien-dent ; nous faisions ensuite passer
la liqueur, en y ajoutant une once desyrop
violat.

Linnée a fait soutenir à Upsal , en 1766 , par Strandman , une thèse sur les purgatifs indigènes , parmi lesquels il a placé les racines de Violettes ordinaires ; il en a fait prendre à l'instar de l'ipécacuanha , et par ce remède inconnu , il est parvenu à procurer avec aisance des évacuations par le haut et par le bas : la dose de ces racines pulvérisées peut se porter jusqu'à quatre scrupules : d'un pareil évacuant , il n'en résulte jamais de mauvais effets.

Deux dyssentériques de vingt à trente ans , ont pris dans un cas semblable à celui où l'on donne l'ipécacuanha , deux gros de racines de Violettes séchées et découpées menues , qu'on avoit fait cuire légèrement et long-tems dans six onces d'eau commune réduites à quatre , et qu'on avoit incorporé avec une cueillerée de syrop violat ; les malades ont vomi , l'un deux fois , l'autre trois , et ont été purgés cinq fois , c'étoit le troisième jour de leurs maladies ; ils ont été purgés de nouveau le cinquième jour , avec la même décoction , qui n'a plus occasionné de vomissemens ; on leur a donné pour boisson une forte décoction de fleurs de Violettes , édulcorée avec le syrop de la même plante ; les évacuations ont diminué insensiblement d'intensité et de symptômes , ainsi que les autres accidens de la maladie , et les malades ont récupéré une santé parfaite, de même que s'ils avoient pris de l'ipécacuanha. Qui nous empêche donc de substituer dans la dyssentérie, à l'ipécacuanha, la racine de Violette ? Et en effet, selon Barère, l'ipécacuanha n'est autre chose que la racine de Violette qui croît natuellement dans les îles de l'Amérique méridionale ; la fleur de la plante, qui a pour racine ce que nous appelons ipécacuanha, est blanche, et composée pour l'ordinaire de trois feuilles, dont les deux supérieures, qu'on peut appeler aîles, sont fort étroites ; elles ont un demi-pouce de long, sont terminées en manière de faulx, forment en s'unissant une espèce de petite lune échancrée, et sont presqu'entièrement emboitées dans le calice ; la feuille inférieure, qui est la plus apparente de toutes, a un pouce deux lignes de largeur, sur trois lignes de haut ; elle est attachée au fond du calice par une queue longue de cinq lignes, et tombe en devant en manière de rabat, mais qui étant détachée du reste de la fleur, ressemble en quelque sorte à un bouton ; le calice est garni de petits poils et divisé jusqu'à la base en cinq parties longues de près de cinq lignes et pousse un pistil qui a quatre lignes de long, couvert de cinq étamines jaunâtres, chargés de petits sommets ; lorsque la fleur est passée, ce même pistil devient un fruit ou espèce de coque ovale, longue de cinq lignes, pointue, d'abord verte, blanchâtre ensuite, qui en mûrissant s'ouvre par la pointe en trois parties, et laisse voir plusieurs petites semences blanches, rondes, semblables tout-à-fait à celles de l'alléluia à fleurs jaunes ; les feuilles ressemblent à celles de la véronique femelle.

De cette description on doit nécessairement conclure que l'ipécacuanha est une espèce de Violette ; mais si la Violette de notre pays produit le même effet que les racines de celle de l'Amérique, pourquoi ne pas l'employer par préférence, et pourquoi aller chercher dans les pays lointains des remédes à nos maux, tandis que nous en avons d'aussi bons sous la main ? La Violette sauvage, *viola canina*, n'est pas moins bonne que la Violette commune, *Viola odorata.*

Suivant les observations de Coste et Willemet, auteurs d'une nouvelle matière médicale indigène, la racine de notre Violette est tout-à-la-fois vomitive, et purgative, soit prise en poudre depuis un demi-gros jusqu'à un gros, soit en infusion depuis deux gros jusqu'à trois.

Un pauvre boucher de Nancy, déjà fatigué d'un troisième accès d'une fièvre tierce, vint implorer la commisération des auteurs ci-dessus cités de la matière médicale indigène ; ils le firent vomir avec la racine de

Violette commune, et le purgèrent avec la poudre d'ésule ; après ces remédes généraux, ils lui ordonnèrent de l'écorce de prunellier en guise de quinquina, et il fut guéri radicalement.

Tournefort a assuré avant Linnée, que l'infusion de deux onces de racines de Violettes purgeoit par haut et par bas ; le même auteur recommande dans la rétention d'urine, l'émulsion dont nous avons rapporté ci-dessus la préparation.

Prenez deux onces de syrop violat, un gros de fleurs de soufre ; faites un looch, dont on se servira à la cueillerée, pour procurer l'expectoration.

Prenez des feuilles de mauve, de Violettes, de chacune une poignée ; fleurs des mêmes plantes, de chacune deux pincées ; faites-les bouillir dans une livre d'eau ; dissolvez dans la colature, demie-once de thérébentine, après l'avoir délayée avec un jaune d'œuf, deux onces d'huile de lin, pour un lavement contre la dyssentérie et la néphrétique.

La Violette entre dans le syrop de bétoine composé de Bauderon, dans le syrop de Mésué, dans le syrop violat solutif du même auteur, dans la poudre *diamargaritum frigidum*, dans la *poudre dianthos* de Salerne, la semence dans la poudre *diaturbith cum rhabarbaro*, dans le lénitif, dans l'électuaire de *psylio* de Mesaé, dans la confection *hameck*, dans l'*onguent populeum* et le *martiatum*.

La récolte des fleurs de Violettes doit se faire peu de tems après leur épanouissement; on préfère les cultivées à celles qui viennent dans les bois et dans les campagnes, et qui n'ont ni autant d'odeur, ni autant de couleur; on rejettera celles qui ont été décolorées par les pluyes, par le soleil, ou parce qu'elles ont été cueillies long-tems après leur épanouissement; on les monde de leurs calices, avant de les faire sécher; comme la couleur des fleurs de Violettes est fugace, on les couvre, pour sécher, d'une feuille de papier gris; cependant, malgré toutes les précautions qu'on puisse prendre, il est difficile de conserver ces fleurs pendant une année; on les garde mieux lorsqu'on les fait sécher avec leur calice, et pour leur conserver la couleur, lorsqu'elles sont desséchées, on les enferme dans des bouteilles de verre; lorsque ces fleurs ont perdu leur couleur, on doit les rejetter, elles n'ont plus absolument de vertus.

Locher met les fleurs de Violettes parmi les cosmétiques: on donne une couleur et un goût fort agréables au vinaigre, en y mettant les pétales de la Violette; on fait avec les Violettes une conserve; elles servent dans les offices à colorer la crême et le beurre.

On

On présente sur les tables les différens apprêts suivans, faits avec les Violettes ; nous avons tiré leurs procédés de la première édition de notre *Histoire générale et économique des trois règnes de la nature*, partie première et de l'*Histoire de l'homme et des alimens qui lui conviennent.* 1 vol. in-fol.

1. *Bouquets de Violettes.* Prenez de la plus belle Violette, avec sa queue ; mettez-en quatre ou cinq ensemble ; vous les attacherez avec un fil ; trempez - les alors de toutes parts dans un sucre cuit au petit lissé et à demi-froid ; faites-les égouter sur un tamis, poudrez-les ensuite par-tout de sucre très-fin ; soufflez dessus pour qu'il n'en reste pas trop ; mettez-les sur un autre tamis, et les y placez de façon qu'elles y restent bien épanouies; faites-les sécher à l'étuve, et serrez-les dans des boîtes garnies de papier blanc, en un endroit sec, pour les servir au besoin.

2. *Candi de violettes.* Ayez de la Violette bien épluchée, faites cuire du sucre à la plume, versez-le dans des moules à candi, quand il sera froid à moitié, mettez-y la Violette, enfoncez-la légèrement et également avec une fourchette ; placez par-dessus une grille à candi proportionnée au moule ; mettez-y ensuite un poids de deux livres bien propre ; placez le moule à l'étuve, sans trop l'ouvrir,

Q

pour voir si le candi est à son point, disposez quatre petits bâtons blancs secs, aux quatre coins du moule ; enfoncez-les jusqu'au fond, tirez - les doucement, lorsque vous croirez que le candi est fait ; les bâtons doivent faire également les diamans par - dessus ; vous égoutterez pour lors le candi pendant deux heures, en penchant le moule par le coin, vous renverserez ensuite également sur le moul eune feuille de papier blanc.

3. *Fleurs de violettes confites.* Prenez des fleurs entières de Violettes ; mettez - les sans les laver dans un sucre clarifié et cuit au grand lissé ; laissez-les refroidir dans le sucre, jusqu'au lendemain ; vous leur donnerez pour lors une douzaine de bouillons, jusqu'à ce que le sucre soit cuit à la petite plume ; la confiture étant refroidie, mettez-la dans des pots.

4. *Gâteau de violettes.* Dressez un moule de papier de la grandeur que vous voulez faire le gâteau ; épluchez de la Violette, pésez-en une demie - livre, mettez-la dans une livre de sucre cuit à la grande plume ; travaillez - le promptement sur la surface, avec une spatule ; lorsque le tout commence à monter, et quand vous êtes prêt à le verser dans le moule, ajoutez-y un peu de blanc d'œuf battu, avec du sucre en poudre, sans être trop liquide, cela fera monter le gâteau ;

versez-le promptement dans le moule, passez par-dessus le cul de la poêle chaude, pour faire encore monter le gâteau.

5. *Pâte de violettes.* Prenez une livre de Violettes épluchées, pilez-les dans un mortier, ajoutez-y une goutte ou deux du jus de citron en les pilant; mettez-les dans un plat, et délayez-les avec deux ou trois cueillerées de marmelade de pommes; faites cuire du sucre à la plume, jettez dans votre marmelade la quantité qu'il en faut; délayez-la doucement avec une cueiller, faites-la frémir, et dressez la à demie-froide dans des moules ou sur des ardoises; mettez-la à l'étuve, et la finissez comme il est d'usage; en la retournant, poudrez-la légèrement de sucre.

6. *Clarequets de violettes.* Prenez une douzaine de pommes de reinette des plus belles; coupez-les pour en tirer la décoction, faites-en une gelée; ayez de la Violette bien épluchée, mettez-la dans une terrine, faites bouillir un demi-septier d'eau, jettez-la sur la Violette, couvrez-la avec une assiette, pour la faire enfoncer, et mettez-la à l'étuve du soir au matin; passez-la dans une serviette, pour en exprimer toute l'eau; ayez soin de bien serrer la gelée de pommes dans la cuisson, et mettez-y votre décoction de Violettes, comme si vous mettiez de la cochenille; tenez-la sur-tout sur un feu bien

doux, qu'elle y frémisse seulement et remuez bien légèrement avec une cueiller, pour
la bien mêler, sans l'engraisser ; faites cuire
au cassé autant de sucre que vous avez de
décoction ; versez-y doucement votre décoction de Violettes, pour décuire le sucre ; remuez sur le feu ; dès le premier bouillon,
écumez la gelée, et faites-la cuire deux ou
trois bouillons couverts ; vous y tremperez
pour lors une cueiller d'argent ; si la gelée
tombe en nappe, ou si elle quitte net, elle
sera faite ; mettez-la alors dans des moules
à clarequets, et faites prendre à l'étuve.

7. *Conserve de violettes.* Prenez de la Violette la plus belle, pésez-en deux onces, pilez
dans un mortier, et en les pilant, ajoutez-y
quelques gouttes de jus de citron ; faites cuire
une livre de sucre à la petite plume, laissez-
le un peu refroidir, remuez-le avec une
cueiller trois ou quatre tours, et mettez-y
la fleur, après quoi remuez-le encore un
tour et le dressez ; quand vous en aurez versé
dans un moule, si vous voulez dégraisser le
reste, passez-y promptement un peu de jus
de citron, remuez avec la cueiller, et versez
dans un autre moule.

8. *Glace de violettes.* Epluchez une bonne
poignée de Violettes, mettez-les dans un
mortier, pour les bien piler, après les en
avoir retirées, mêlez-les avec un peu d'eau

chaude, mettez-y fondre une demie-livre de sucre; laissez infuser pendant une demie-heure; passez ensuite cette eau à travers une serviette, et faites-la prendre à la glace.

9. *Marmelade de violettes.* Prenez une livre de belles Violettes bien épluchées, pilez-les bien; faites cuire trois livres de sucre à la première plume, et mêlez-y votre Violette; remettez-la sur le feu, pour lui faire prendre cinq ou six petits bouillons, à petit feu; remuez ensuite avec une spatule, et mettez-la toute chaude dans des pots.

10. *Tablettes à la violette.* Prenez fleurs de Violettes, une livre; iris de Florence en poudre, quatre gros; sucre, six livres; pilez les Violettes dans un mortier de marbre, versez par-dessus une chopine d'eau bouillante; couvrez le vase, et gardez-le pendant douze heures dans un endroit chaud, passez ensuite l'infusion dans un linge, ou à la presse; après avoir fait clarifier et cuire le sucre au petit cassé; versez-y la liqueur, incorporez l'un avec l'autre; mettez le mélange sur le feu, pour faire recuire le sucre au petit boulet; retirez de nouveau le poêlon, ajoutez-y la demie-once d'iris de Florence, et formez-en des tablettes.

L'odeur de la Violette plaît beaucoup aux dames, elles en portent des bouquets, et si elles leur sont quelquefois nuisibles, sur-tout pendant la nuit, ce n'est qu'autant qu'elles se trouvent en grande quantité dans leurs appartemens. La Violette fait partie de plusieurs recettes rapportées dans notre *Toilette dé Flore.*

1. *Eau de senteur.* Prenez marjolaine, thym, lavande, romarin, petit pouliot, roses rouges, *fleurs de violettes,* œillets, sarriette, écorces d'oranges rouges; faites tremper le tout dans du vin blanc, jusqu'à ce que la matière se soit précipitée au fond du vin; distillez ensuite deux ou trois fois dans un alambic; gardez l'eau dans des bouteilles bien bouchées, et le marc pour les parfums.

2. *Eau divine et cordiale.* Pour la faire, Prenez au commencement de mars deux onces de chacune des racines de vrai acorus, de bétoine, d'iris de Florence, de souchet long, de gentiane, de scabieuse; une once de canelle et du santal citrin autant; deux gros de macis, une once de baies de genièvre, six gros de coriandre; pilez ces drogues, et ajoutez - y les zestes de six beaux citrons et de six belles oranges de Portugal; mettez le tout dans un grand vaisseau, avec dix pintes de bon esprit - de - vin; remuez bien, après quoi, bouchez exactement le vaisseau, jusqu'à la saison des fleurs, et jusqu'au tems que chaque fleur soit dans sa force;

mettez-y pour lors une demie-poignée des fleurs suivantes, *violettes*, jacinthes, giroflées jaunes, roses rouges, roses pâles, roses blanches et musquées, œillet, orange, jasmin, tubéreuse, romarin, sauge, thym, lavande, marjolaine, genêt, sureau, millepertuis, souci, camomille, narcisse, chevre-feuille, bourrache, buglosse : il faut trois saisons pour voir fleurir ces fleurs, le printems, l'été, l'automne, ce qui fait un tems considérable ; chaque fois que vous mettrez une partie de vos fleurs, vous mêlerez le tout ensemble ; vous en userez ainsi depuis la première jusqu'à la dernière, et trois jours après la dernière des fleurs, mettez le tout dans une cucurbite couverte de son chapiteau bien lutté, mise dans un bain-marie, au feu tempéré, rafraichissez souvent ; vous en tirerez cinq pintes d'esprit d'une qualité suave, soit pour remède, qui est beaucoup plus efficace que l'eau de mélisse ; soit pour l'odeur ; cette eau est une des meilleures.

3. *Eau de bouquets ou de toilette.* Prenez eau de miel odorante, une once ; eau sans pareille, deux onces ; eau de jasmin, quatre gros et demi, eau de girofle et de *violette*, de chacune une demie-once ; eau de souchet long, de calamus aromaticus, de lavande, de chacune deux gros ; esprit de néroli, dix gouttes : mêlez toutes ces liqueurs ensemble,

et conservez ce mêlange dans une bouteille bien bouchée : cette eau a une odeur très-agréable, elle sert uniquement pour les toilettes.

4. *Eau couronnée*. Mettez dans huit pintes d'eau-de-vie une demie-livre de *violettes* épluchées, deux onces de racines d'iris, une demie livre de jonquille double, quatre onces de fleurs d'orange, autant de roses musquées, six onces de tubéreuse, deux gros de macis, un gros de cloux de girofle, deux onces de quintessence de bergamotte, pareille quantité de celle d'orange de Portugal ; on cueille chaque fleur dans sa saison ; il faut observer de mettre avec la Violette l'iris pilé, le macis et le girofle ; d'y ajouter ensuite les fleurs dans leur saison, et de ne mettre la quintessence qu'après la tubéreuse, qui est la dernière fleur ; toutes les fois que vous mettrez une nouvelle fleur, vous remuerez bien le tout, et boucherez très-exactement le vaisseau : huit jours après que vous y aurez mis la tubéreuse, mettez le tout dans une cucurbite, couvrez-la de son chapiteau, luttez exactement, et faites-en la distillation au bain-marie, ayez soin de rafraichir souvent ; adaptez et luttez le récipient, mettez-le dans une terrine pleine d'eau, pour que les esprits en tombant se refroidissent, pour la conservation de leur parfum ; vous retirerez de cette opération

quatre pintes de bon esprit-de-vin, que vous pourrez présenter à ceux qui ont le goût le plus fin, ils en seront parfaitement satisfaits.

5. *Eau de millefleurs odorante, spiritueuse et composée.* Pour en faire, mettez dans un grand vaisseau dix pintes de bon esprit-de-vin, vous y mettrez ensuite les fleurs suivantes, dans leur saison : *violette* épluchée, jacinthe sans verdure, petite giroflée jaune épluchée, de chacune une demie-livre; quatre onces de jonquilles simples, et autant de doubles, trois demi-livres de muguet sans verdure, autant de jasmin d'Espagne, une once de fleurs de romarin, deux onces de fleurs de sureau, quatre onces de roses des bois pilées, autant de roses pâles aussi pilées, six onces de fleurs d'orange, une demie-livre d'œillets à ratañas épluchés, autant de syringa sans vert, autant de tubéreuse et de menthe, feuilles et fleurs de cette dernière; soixante gouttes de quintessence d'ambre; vous ne mettrez l'ambre que lorsque vous voudrez faire votre distillation, et ce sera trois jours après la dernière des fleurs; mettez le tout dans la cucurbite, adaptez-lui et luttez exactement son chapiteau; faites la distillation au bain-marie, à un feu tempéré; luttez le récipient, mettez-le dans un bain d'eau froide, pour la conservation et la bonté des esprits; lorsque vous en aurez

tiré sept pintes , changez de recipient , mettez-en un autre ; vous en tirerez encore une pinte , qui sera inférieure ; mais elle trouvera sa place , c'est là ce qu'on appelle la vraie eau de millefleurs.

6. *Eau de bouquet du printems.* Prenez une livre de jacinthes , une demie - livre de *violettes* sans verd , une demie - livre de petite giroflée jaune sans vert , une demie-livre de jonquilles aussi sans vert , quatre onces d'iris pilé , une once de macis pilé , quatre onces de quintessence d'orange de Portugal : mettez le tout vers la fin de mars dans un vaisseau , avec huit pintes de bon esprit-de-vin   pilez les jacinthes , les Violettes , l'iris et le macis ; vers la fin d'avril , mettez les jonquilles , dans le tems que ces fleurs donnent en plein ; peu de jours après vous mêlerez la petite giroflée jaune , les pétales seulement ; vous prendrez ensuite le muguet , vous l'éplucherez et le mettrez dans votre infusion , en remuant bien le tout ensemble ; huit jours après avoir mis cette dernière fleur , vous mettrez l'infusion dans l'alambic , vous le couvrirez de son chapiteau , vous adapterez le récipient , qui sera dans un bain froid ; après les avoir luttés exactement l'un et l'autre , vous en ferez la distillation au bain-marie , à petit feu : vous aurez six pintes de bon esprit , appelé le *bouquet du printems.*

7. *Pommade à odeur de violettes..* Vous étendrez la pommade dans des plats, de l'épaisseur d'un pouce ; sur l'un vous semerez les fleurs de *violettes* et vous les couvrirez avec l'autre ; vous renouvellerez les fleurs au bout de douze heures ; vous continuerez à observer cette méthode pendant dix ou douze jours, en relevant la pommade et l'étendant de nouveau, pour y mettre des fleurs fraiches, l'odeur sera assez forte, et vous emploirez la pommade de la façon dont il vous plaira.

Les racines d'iris de Florence et du pays sentent supérieument l'odeur de Violette ; quand on veut se procurer leur parfum, à leur défaut, l'on se sert des racines de ces deux plantes, soit pilées et pulvérisées, soit autrement : il est encore à observer que quand on habite une chambre nouvellement vernie, ou qu'on fait usage intérieurement de térébenthine, comme médicament, l'urine qu'on rend, sent une odeur de Violettes.

On peut aussi tirer des avantages de la Violette, pour les arts ; on s'en sert même pour faire un très-beau vert ; vous prenez les pétales de sa fleur, vous les hachez par petits morceaux, vous les mettez dans un vaisseau de verre ou de fayence, ou même dans une boîte de cuivre, avec de la poudre d'alun et de la graine d'oignon concassée ; vous laissez fermenter le tout ensemble, pendant dix à douze jours ; vous l'exprimez ensuite dans des coquilles, et vous obtenez ainsi un verd propre à peindre, mais qui est plus foncé que le vert d'iris.

Le syrop Violat s'employe dans les pharmacies, pour colorer les médicamens ; on s'en sert encore pour analyser les eaux, et pour découvrir s'il y a de l'acide ou de l'alkali ; si ce syrop verdit l'eau minérale, on pense communément que la liqueur est alkaline ; cependant s'il se trouve du fer rendu soluble au moyen du gaz aërien, le mêlange du jaune et du blanc produit la même altération dans la couleur, quoiqu'il n'y ait point d'alkali. D'Ambourney a fait differens essais sur la Violette, il n'a pu en tirer de la teinture bleue, comme il se l'étoit promis.

La Violette dont il s'agit dans ce chapitre, est inutile dans les prairies ; sa fleur plait aux abeilles ; les vaches, les chèvres, les moutons et les chevaux mangent de celle hérissée, *viola hirsuta*. La Violette sauvage, *viola canina* est pareillement inutile dans les prairies, mais elle ne l'est pas dans les paturages, car les vaches, les chèvres, les moutons et les cochons la mangent ; il n'y a que les chevaux qui n'y touchent point.

La Violette de mars, la Violette odorante est représentée dans notre Jardin de l'univers, pl. 159.

CHAPITRE III.

De la Violette tricolore, autrement de la pensée, specialement de ses propriétés pour guérir les achores et les croûtes du visage aux enfans.

UNE Violette qui fait l'ornement de nos jardins et qui garnit joliment un bouquet, est la Violette à trois couleurs, la pensée, l'herbe de la Trinité, *viola tricolor* : il y en a aussi une espèce à deux couleurs, *viola bicolor* ; elle est très-commune entre le château et la ferme de Rochefort, près de Paris ; on en trouve aussi dans l'Alsace, dans différentes autres provinces de la France, dans le Piémont et la Savoye.

Elle est annuelle, et n'exige pas grand soin ; quand on en a une fois semé dans un endroit, elle y vient naturellement toutes les années ; elle commence à fleurir depuis le mois de Juin, jusqu'à la fin de l'automne ; on se sert de cette fleur dans les jardins, pour en faire de belles bordures. Par les experiences qu'a faites d'Ambourney, sur cette plante, elle pourroit être un jour d'une grande utilité pour la teinture ; sa fleur plait aux abeilles et autres insectes ; quelquefois les vaches, les chèvres, les cochons en mangent, mais les moutons et les chevaux n'en veulent point.

On attribue à la Pensée une vertu détersive, vulnéraire et sudorifique ; on l'employe depuis peu contre les croûtes de lait et les achores ; on prend une pincée de ses feuilles séparées de ses racines, tiges et fleurs ; on les fait bouillir dans du lait, pour en donner une potion pareille soir et matin ; ou bien on prend un demi-gros de poudre de ses feuilles séchées à l'ombre, on la fait infuser pendant une demie-heure, puis bouillir dans du lait, et on en donne la colature soir et matin ; lorsqu'on employe cette simple pendant huit jours, l'éruption augmente ordinairement, l'urine acquiert l'odeur de celle des chats, et peu de tems après les croûtes commencent à se sécher. Strack assure que ce moyen curatif ne manque jamais son effet, à moins que des causes essentielles ne s'opposent à son efficacité, telles que les impuretés d'une autre espèce, qu'il faut évacuer, ou le vice héréditaire de la nourrice, et pour lors il est essentiel d'en choisir une autre ; quoique la guérison s'opère ordinairement dans l'espace de quinze jours, il est prudent de continuer l'usage de ce remède pendant un certain tems, et de ne l'abandonner que lorsque l'urine n'exhale plus cette puanteur, qui est le signe diagnostic de la disparition de cette maladie, quoiqu'elle ne paroisse rien à l'extérieur. Schreber, professeur de médecine à Erlang, a fait soutenir une thèse sur les vertus de la pensée, nous en avons conseillé l'usage avec le plus grand succès.

CHAPITRE IV.

De la Violette ipécacuanha, et des plantes qui peuvent la remplacer, contre la dyssentérie.

L'IPÉCACUANHA a été pendant long-tems un problême en botanique, très-difficile à résoudre. Linnée en avoit fait un genre, sous le nom d'*ourasgoga*. Gronovius le regardoit comme un tithymale, c'est ce qui engagea le botaniste Suédois, au lieu d'un genre d'en faire une espèce, et de la ranger dans le genre des euphorbes. Crautz, médecin autrichien, a prétendu que c'étoit une espèce de *lonicera*, et Ray la nommoit *periclymenum*. Barrère, médecin de l'île de Cayenne a résout le problême, il a reconnu que c'étoit une Violette. Linnée dans son Mantissa, et Murray, dans la quatorzième édition du systême sexuel, l'ont rangée, d'après les éclaircissemens que Barrère en avoit donnés, dans la classe des Violettes, et ils l'ont nommée *viola ipecacuanha. Linn. Mantiss.* 484. *Viola grandiflora, veronicæ folio, villosa. Barr. equinox.* 113.

Nous avons rapporté dans le second chapitre la description que ce botaniste en a donnée, il est inutile de la répéter ici.

On distingue trois racines différentes d'ipécacuanha, la grise, la brune et la blanche. Vandali prétend que la plante que nous nommons *viola ipecacuanha*, doit s'entendre de la blanche ; toutes ces racines nous viennent du Brésil, du Pérou, du Canada, de la Virginie et des bois humides de l'Amérique méridionale.

Nous ne nous étendrons pas beaucoup sur l'histoire de l'ipécacuanha, elle est assez connue : Pison et Marcgrave ont été les premiers qui en ont parlé. Le Gros, médecin, apporta cette racine de l'Amérique, en 1687. Garnier, marchand, qui en possedoit une grande quantité, en fit un éloge pompeux. Adrien Helvétius, médecin Rhémois, composa en même tems une observation sur les qualités supérieures de l'ipécacuanha, pour guérir la diarrhée et la dyssentérie. Les médecins de Paris s'en servirent avec succès dans deux ou trois dyssentéries épidémiques : Louis XIV ordonna pour lors d'en fournir tous les hopitaux de l'armée et du royaume.

On reconnoit trois vertus ou propriétés dans cette plante, celles d'être émétique, purgative et astringente : émétique, en raison de ses parties résineusés, purgative, en raison

des

des gommeuses, alliées à un peu de résine,
et astringente, en raison d'une base terreuse,
et dans laquelle se trouvent encore embarras-
sées quelques parties gommeuses : c'est en raison de ces vertus que l'ipécacuanha est spécifique dans la dyssentérie, qu'il réunit toutes
les indications qui s'y présentent ; il s'employe aussi dans les différentes pertes de sang
utérines, hémorrhoïdales ; dans l'hémophty-
sie essentielle, les fleurs blanches, les coliques d'estomac et du bas-ventre ; on en fait
depuis peu des pastilles, qu'on fait prendre aux
enfans dans les rhumes, les coqueluches, etc.

On pourroit substituer à cette plante plusieurs de nos plantes indigènes. Coste et Villemet, dans leurs essais botaniques et pharmaceutiques, prétendent que notre Violette, ainsi
que nous l'avons déjà observé dans le chapitre
II, le cabaret, l'herbe à Paris, les ésules ou
tithymales, sont les trois plantes qu'on peut
substituer à l'ipécacuanha, en raison de leur
vertu émétique. Ces auteurs ont fixé, d'après
leurs observations, la dose à laquelle on
doit prescrire la racine de notre Violette ;
pour y parvenir, ils firent d'abord cueillir,
sécher et pulvériser cette racine, ils com-
mencerent d'abord à l'administrer au poids
d'un demi-gros, dans une tasse de légère
décoction des feuilles de la même plante,
édulcorée avec une cueillerée de syrop violat ;

cette dose opéra uniquement un seul vomissement et trois petites selles. Coste et Villemet ne jugeant pas ces évacuations suffisantes, résolurent d'augmenter dorenavant la dose de cette décoction , jusqu'à deux scrupules et même un gros : ce remède opéra pour lors trois ou quatre vomissemens , avec cinq ou six selles copieuses ; mais comme plusieurs personnes témoignèrent quelque répugnance à prendre des poudres en aussi grand volume , nos auteurs furent obligés de changer leur première méthode en une seconde , qui leur a très-bien réussi ; ils ont fait cuire légérement et long-tems , deux gros de cette même racine découpée menue , dans six onces d'eau commune réduite à quatre , et édulcorée pareillement avec du syrop Violat ; la dose de la poudre des racines de notre Violette peut donc se porter jusqu'à quatre scrupules , et de sa décoction , jusqu'à trois onces. Coste et Villemet n'ont employé qu'une seule fois la Violette inodore , et ce en décoction ; son usage a été suivi d'un vomissement et de superévacuations par le bas.

Nous ne parlerons pas ici du cabaret , de l'herbe à Pâris , des ésules ou tithymales ; nous nous reservons d'en parler dans des monographies particulières de ces plantes.

Outre celles - ci , nous en avons d'autres , qu'on pourroit substituer très-efficacement à

l'ipécacuanha, contre la dyssentérie, en faisant précéder néanmoins les remèdes généraux, tels que la saignée, les lavemens et
les évacuans.

On peut tirer des prunelles, avant leur
maturité, un suc par expression, qu'on fait
épaissir en forme d'extrait ; cet extrait peut
convenir dans la dyssentérie, à la dose d'un
gros ; on donne aussi avec succès, dans cette
maladie, du rob de sureau, qui est un suc
épaissi, fait avec ses baies ; quand on prescrit ce rob, c'est pour l'ordinaire à la dose
d'une once ; rien n'est si commun à la campagne, que de voir incorporer le suc des baies
de sureau avec de la farine de seigle ; on en
fait de petits pains, qu'on met au four ; on
les imbibe de nouveaux sucs, après quoi on
les donne à manger aux personnes attaquées
de la dyssentérie, depuis la dose d'un demi-
gros, jusqu'à une demie-once ; ce remède
réussit presque toujours.

Les Anciens se servoient du suc de feuilles de
vigne, pour arrêter la dyssentérie et le cours
de ventre. Parmi les médecins modernes, il y en
a encore qui employent la poudre des feuilles
vertes de cette plante, séchées à l'ombre, à la
dose d'un gros, pour cette maladie : rien ne
l'emporte sur les raisins, pour la dyssentérie,
ainsi que le rapporte Tissot dans une de ses
observations.

La poudre de la racine de filipendule, le pied-de-chat en infusion, la décoction de nummulaire, les tisanes faites avec les feuilles et fleurs de bugle, sont autant de remèdes éprouvés contre cette maladie. L'huile d'amandes douces est un grand calmant, pour appaiser les tranchées qui l'accompagnent ordinairement. La gomme d'amandier, prise en dissolution, dans une décoction ou infusion de pervenche, mêlée avec partie égale de lait écremé, est aussi très-bonne dans ce cas.

Personne ne peut disputer une vertu anti-dyssentérique à l'extrait de la racine de bénoite, à la poudre de l'éponge d'églantier, au suc du *bursa pastoris*, à l'infusion de l'aigremoine, à la décoction de piloselle et à la tisanne faite avec du plantain; on a éprouvé de grands effets pour la cure de cette maladie, en faisant bouillir les feuilles de renouée dans du lait, et en le prenant en guise de lavement; la racine de quintefeuille n'est pas moins efficace dans la dyssentérie, c'est même un remède assuré; on peut mettre au nombre des remèdes anti-dyssentériques la racine de bistorte, les différentes espèces de bec de grue, les fruits d'airelle, les fleurs de grenadiers; on les conserve pour lors en poudre ou en décoction. Tragus assure que le vin qu'on fait avec l'épine-vinette, arrête la dyssentérie. Les feuilles et fruits de sumac, pris en décoction, ont aussi cette vertu, ainsi que je l'ai expérimenté plusieurs fois. La petite peau, qui est sous l'écorce de la châtaigne, mise en poudre et prise à la dose de deux gros, a produit quelquefois de bons effets dans cette maladie. On prépare avec la pulpe du fruit du cornouiller, passée par le tamis, un électuaire qu'on dit très-propre dans la dyssentérie ; quand on la conseille, c'est depuis la dose de deux gros, jusqu'à une demie-once ; on en fait aussi une marmelade, ou une conserve, en y ajoutant du sucre ; la dose en doit pour lors être double. Je passe sous silence les autres plantes qui conviennent dans cette maladie, telles que la reine des près, le suc d'arum, celui d'ortie, la décoction d'orpin, l'infusion de brunelle, de persicaire, celle de l'écorce et des feuilles de saule, et plusieurs autres dont l'énumération seroit trop longue ; pour en venir à la lysimachie, ce remède qu'on regarde depuis peu comme un spécifique dans toute sorte de flux, même le dyssentérique. Mioley ancien médecin de leurs Majestés impériales, s'en est servi avec grand succès dans les diarrhées produites par le relâchement des intestins. De Haën a fait l'essai de cette plante sur plusieurs personnes ; il la leur donnoit à la dose d'un gros ou de quatre scrupules, deux fois le jour, après avoir fait précéder un purgatif. Le docteur Thralkeld, médecin anglais, dit avoir guéri par l'infusion des feuilles de lysimachie, un flux de ventre qu'on n'avoit pu arrêter depuis long-tems ; le nom botanique de cette plante est *lythrum salicaria*. L'auteur de la Gazette salutaire, en parlant de la lysimachie, dit en avoir fait l'essai et s'en être très-bien trouvé ; il y a d'autant plus de raison de la recommander, qu'elle est commune par-tout, et que d'ailleurs c'est un remède végétal ; ces sortes de remèdes tirés des végétaux ont ce grand avantage au-dessus des productions chymiques tirées des minéraux, que s'ils ne remplissent pas leur objet, du moins ils ne font point de mal, et que quand ils guérissent, ils le font d'une manière simple et sûre. Combien n'avons-nous pas d'exemples de leurs excellens effets ? Parmi toutes les personnes qui en ont fait usage, on n'en trouve pas une qui se plaigne que ces remèdes aient altéré sa constitution, ni qu'il lui en soit résulté aucune incommodité par la suite : ces réflexions doivent donc mettre en grand crédit les remèdes qu'on tire des plantes, et dans le nombre, je crois qu'il n'y en a pas de plus précieuse et de plus souvéraine que la lysimachie, surnommée la salicaire.

MÉMOIRE

SUR

L'HORTENSIA,

Plante nouvelle de la Chine.

En 1776, dans notre Collection des fleurs de la Chine et de l'Europe, T. I. Part. I. de la Chine, Pl. 45, nous avons publié la figure d'un arbrisseau très-intéressant, qu'on cultive dans les jardins de cet empire ; cet arbrisseau existe actuellement dans ceux des curieux de Paris : on ne dira peut-être plus que nos plantes de la Chine sont imaginaires, ainsi que quelques mauvais plaisans l'ont voulu insinuer dans le tems. Comme les parties de la génération de cette plante ne nous étoient pas pour lors connues, nous lui avions donné le nom d'Obier de la Chine, et en effet, cette plante a beaucoup de rapport par sa fleur à la boule de neige, la rose de Gueldres, autrement le viorne-obier ; elle est seulement d'une couleur incarnate, tandis que la boule de neige est blanche. Le docteur Smith, Anglais, qui a acheté tous les manuscrits, livres et herbiers du célèbre Linnée, qui publie d'après la collection de ce savant, une suite très-intéressante de planches enluminées, et qui a donné la figure de notre plante, a cité, bien différent de nos compatriotes, la figure que nous en avions publiée les premiers ; mais comme cet auteur a eu connoissance, d'après les observations du naturaliste Suédois, des détails caractéristiques de cette plante, il l'a tirée du genre des obiers, dans lequel nous l'avions placée, et l'a réunie au genre de l'hydrangée ; aussi l'a-t-il nommée *hydrangea Hortensis*. Dans la Flore de la Cochinchine, on a désigné cet arbrisseau sous le nom de *primula mutabilis*. Laurent-Antoine de Jussieu, dans son *genera plantarum*, lui a conservé, d'après Commerson, le nom d'*Hortensia*, et en a fait un genre particulier. La Marck lui a laissé le même nom dans son *Dictionnaire encyclopédique méthodique des plantes* ; et en effet, ce nom, qui n'est pas à proprement parler une dénomination botanique, paroît devoir lui convenir mieux qu'aucun autre, puisque cet arbrisseau, dont on ignore le lieu natal, se cultive, ainsi qu'actuellement en France, à la Chine et au Japon, comme arbrisseau d'ornement. Le jardinier Audebert, résident à Paris, barrière d'Enfer, est un des jardiniers de cette capitale, qui soit parvenu à les mieux multiplier ; les fleurs en sont très-belles ; elles plaisent par leur couleur incarnate, et par leur réunion en forme de boule ;

elles méritent plus qu'aucune autre à servir
de décoration dans nos jardins, aussi tous les
amateurs de cette capitale s'empressent-ils à
l'envie les uns des autres à se la procurer ;
c'est vraiment un arbrisseau de plus que nous
avons gagné en France, pour l'ornement de
nos parterres ; il y réussit à merveille, et s'y
multiplie facilement, sur-tout par marcottes, qu'on fait sur couches, pour mieux réussir ; il exige simplement l'orangerie pendant
l'hiver ; on pourra même peut-être dans la
suite l'aclimater en pleine terre, en France,
comme on a fait du lilas ; le terreau lui convient très-bien ; cependant on feroit mieux
de mêler ce terreau avec la terre de pré et
celle de bruyère : le jardinier Audebert nous
a dit avoir réussi à s'en procurer des pieds par
semences.

Le caractère générique de l'*Hortensia* ou
Rose du Japon, est, suivant Laurent-Antoine de Jussieu, d'avoir des fleurs extérieures
et intérieures ; le calice des extérieures est
divisé en quatre ou cinq parties, grand, co-
rolliforme, marescent ; ayant ses divisions
ovées, à rebours, inégales, ouvertes ; la corolle est très-petite, formée de quatre ou
cinq pétales ovales et concaves, égaux et caducs ; les étamines sont pour l'ordinaire au
nombre de dix, quelquefois seulement six ou
huit, ayant leurs filamens cylindriques,

amincis et subulés à leur sommet, de la longueur de la corolle, s'élevant à la même hauteur, et leurs anthères didymes, arrondies,
droites ; le rudiment d'un ovaire est avorté,
les styles sont de deux à trois, épais, conni-
vens ; les stigmates sont obtus.

Dans les fleurs intérieures, le calice est
adhérent, et a quatre ou cinq dents ; la corolle est plus grande que le calice, formée de
quatre ou cinq pétales alternes avec les dents
du calice, ovales, concaves, très-ouverts,
caducs ; les étamines sont les mêmes que dans
les fleurs extérieures ; l'ovaire est adhérent,
triloculaire ; les styles sont de deux, trois,
ou quatre, écartés ; les stigmates sont obtus ;
le fruit est à trois loges, et renferme une
grande quantité de semences. Laurent-Antoine de Jussieu ajoute que l'*Hortensia* est un
arbrisseau peu élevé, remarquable sur-tout
par les gros bouquets de fleurs qui terminent
les tiges et les rameaux ; ses fleurs sont de couleur de rose, les extérieures stériles, comme
dans le *viburnum opulus*, et d'une structure
différente de celle des fleurs placées dans la
bifurcation des péduncules.

Ce genre de plante fait partie, dans le systême naturel, de la quatorzième classe destinée aux plantes dycotilédones, polypétales,
à étamines périgynes, et du quatrième ordre
de cette classe, destiné aux plantes saxifra-

gées ; et en effet , les caractères fournis par le nombre et l'insertion des étamines , ainsi que par la grande quantité des ovules, qui sont contenues dans l'ovaire, semblent prouver que l'*Hortensia* doit appartenir à la famille des saxifragées : l'*Hortensia* a aussi beaucoup de rapport avec l'*hydrangea* , auquel Smith l'a réunie ; cependant, il en diffère par ses fleurs stériles très-nombreuses , par ses fleurs fertiles solitaires et situées dans la bifurcation des péduncules ; par ses étamines de grandeur égale , et principalement par son ovaire, qui, divisé intérieurement en trois loges, annonce un fruit triloculaire. Il est encore à observer , ce qui relève beaucoup le mérite de cet arbrisseau , que ses fleurs subsistent et conservent leur éclat pendant une bonne partie de l'été.

La seule espèce que nous connoissons en France est l'*Hortensia* du Japon , *Hortensia Japonica. Linn. syst. veg. edit. Gmelin.* 722. Il est de la classe des décandriques triginiques de Linnée.

Nous finissons ce mémoire par la description que l'auteur de la Flore de la Cochinchine nous a donnée du genre de cette plante, qu'il appele *primula*, et dont il rapporte comme caractère générique d'avoir pour enveloppe celle d'une petite ombelle , et pour corolle un tube cylindrique, à bouche ouverte : il y en a deux espèces, suivant cet auteur. La première espèce est la primule changeante, *primula mutabilis*. C'est celle dont nous avons parlé dans ce mémoire. Sau-cau-hoa. *Primula caule fructicosa multiplici, foliis ovatis serratis; floribus nudis. Flora Cochinchin.* 127.

La tige est un sous-arbrisseau de huit pouces de long, grosse, multiple, à rameaux inclinés ; les feuilles sont ovales, pointues, découpées à dents de scie, charnues, glabres, opposées, à courts pétioles ; la fleur est à bouquets grands, terminaux, changeant de couleur, d'abord d'un verd jaune, ensuite blanc, rouge dans sa maturité, et bleuâtre dans sa vieillesse ; il n'y a point de calice, à moins qu'on ne prenne pour tel une petite écaille oblongue, à la base de chaque fleur ; la corolle est en forme de tasse ou tube cylindrique, long, solide, imperméable; le limbe est plane, fendu en cinq découpures en forme de cœur ; le nectair est à cinq écailles recourbées, renfermant les parties de la génération avant leur maturité ; les filamens sont au nombre de dix, plus courts que le limbe, attachés au sommet du cylindre, ayant leurs anthères rondes ; le germe est rond, supérieur, attaché par sa moyenne partie à la sommité du cylindre, comme à un réceptacle ; les stigmates sont au nombre de trois,

oblongs sessiles ; le péricarpe avorté ; en dis-
séquant le germe, et en l'examinant au microscope, il paroît être polysperme ; mais on
ne peut pas distinguer s'il est à une ou à trois
loges ; l'enveloppe de la petite ombelle, ou
l'enveloppe commune est nulle. Ce genre très-
distinct est voisin de la volfie de Schrenée ;
mais il en diffère par le germe et par le stigmate.

La conformation de cette plante, principalement de la fleur, appartient totalement à
la primule ; les étamines et le pystil pourroient se rapporter à la classe des décandriques triginiques, comme nous l'avons dit, s'ils
étoient toujours permanens ; mais souvent
dans la même fleur les étamines sont au nombre de huit ; les découpures de la corolle et
les écailles du nectair au nombre de quatre ;
le tube, ce qui est une chose très-admira-
ble, ou la petite colonne tubiforme, se trouve toujours imperméable, qui en raison de la
situation, de la couleur et de la forme, ne peut
être appelé un péduncule, mais plutôt un réceptacle.

La deuxième espèce est la prime de la Chine.
*Yu-tsuan-hoa, ngaœ-tram-hoa. Primula
foliis ovatis integerrimis, petiolatis, invo-
lutis, biphyllis, polyfloris.* Cette plante est
annuelle, haute de six pouces ; sa racine est
grosse, divisée ; ses feuilles sont radicales,

cordées, ovales, pointues, très-entières, glabres, à pétioles longs, élevés ; les hampes sont cylindriques, nues, élevées, à trois fleurs, plus longues que les feuilles ; l'enveloppe est biphylle, égale aux fleurs ; la corolle est blanche, en forme de tasse ; le limbe est plane, fendu en cinq ou six ; les déchiquetures sont aiguës, entières. Cette espèce croît naturellement dans l'empire de la Chine.

Quant à nous, nous pensons que notre plante est plutôt de la famille des saxifragées que de celle des prime-veres, et si nous avons rapporté le sentiment de l'auteur de la Flore de la Cochinchine à ce sujet, c'est pour ne rien laisser à désirer sur cet objet ; au surplus, la description qu'il nous en a donnée est exacte en bien des points ; nous ne saurions assez recommander aux vrais amateurs des fleurs la culture de cette plante, qui est douée d'un mérite infiniment supérieur par la beauté et l'éclat de ses fleurs.

TABLE

Des Chapitres et Sommaires contenus dans cet ouvrage.

ÉPITRE *dédicatoire, au Beau Sexe.* pag. 5

PRÉFCAE. 9

INTRODUCTION. 11

CHAP. Ier. *Des anecdotes de la Rose.* 12

CHAP. II. *De la description générique de la Rose, de ses différentes espèces et variétés.* 33

CHAP. III. *Des différens insectes qui se trouvent sur le Rosier.* 65

CHAP. IV. *De la manière de cultiver le Rosier.* 87

CHAP. V. *De la manière d'employer les Roses comme ornemens dans les jardins, et de la méthode qu'on peut employer pour former une Roseraie.* 104

CHAP. VI. *De l'analyse chymique des Roses, spécialement de l'huile de Rose.* 112

CHAP. VII. *De l'utilité des Roses, dans les Arts et Métiers.* 116

CHAP. VIII. *Des Roses considérées comme ornemens pour les Dames, et de leur utilité pour la Toilette.* 117

CHAP. IX. *Des propriétés alimentaires des Roses pour l'Homme.* 142

CHAP. X. *Des propriétés des Roses pour les bestiaux.* 151

CHAP. XI. *Des propriétés Médicinales des Roses.* 152

CHAP. XI, (bis). *Des effets funestes résul-*

272 **TABLE.**

tans de l'usage des Roses. 173

CHAP. XIII. *De la Palingénesie de la Rose, ou de la Méthode de faire renaître cette fleur de ses cendres.* 176

CHAP. XIV. *De la Rose de Jéricho.* 179

CHAP. XV. *Glanures de poësies françaises sur la Rose.* 184

CHAP. XVI. *Choix des plus belles pensées des Auteurs grecs, sur les Roses.* 201

CHAP. XVII. *Pensées de différens Auteurs, sur les Roses.* 203

MONOGRAPHIE DE LA VIOLETTE.

INTRODUCTION. Pag. 211

CHAPITRE Ier. *De la description générique de la Violette, et de ses différentes espèces.* 218

CHAP. II. *De la Violette odorante, de ses propriétés Médicinales, Alimentaires et autres, spécialement de la nouvelle vertu qu'on vient de lui découvrir comme purgative, et vomitive.* 231

CHAP. III. *De la Violette tricolor, autrement de la pensée, spécialement de ses propriétés pour guérir les achores et les croûtes du visage aux enfans.* 253

CHAP. IV. *De la Violette ipécacuanha, et des plantes qui peuvent la remplacer, contre la dyssentérie.* 255

MÉMOIRE *sur l'HORTENSIA, plante nouvelle de la Chine.* 263

F I N.